建設業経理士検定試験過去問題集 2級

解答＆解説　第6版

令和6年　3月10日実施

第34回

〔第1問〕　次の各取引について仕訳を示しなさい。使用する勘定科目は下記の＜勘定科目群＞から選び、その記号（A～X）と勘定科目を書くこと。なお、解答は次に掲げた（例）に対する解答例にならって記入しなさい。　(20点)

（例）　現金¥100,000を当座預金に預け入れた。

⑴　当期に売買目的で所有していたA社株式12,000株（売却時の1株当たり帳簿価額¥500）のうち、3,000株を1株当たり¥520で売却し、代金は当座預金に預け入れた。

⑵　本社事務所の新築のため外注工事を契約し、契約代金¥20,000,000のうち¥5,000,000を前払いするため約束手形を振り出した。

⑶　前期の決算で、滞留していた完成工事未収入金¥1,600,000に対して50％の貸倒引当金を設定していたが、当期において全額貸倒れとなった。

⑷　株主総会の決議により資本準備金¥12,000,000を資本金に組み入れ、株式500株を交付した。

⑸　前期に着工したP工事は、工期4年、請負金額¥35,000,000、総工事原価見積額¥28,700,000であり、工事進行基準を適用している。当期において、資材高騰の影響等により、総工事原価見積額を¥2,000,000増額したことに伴い、同額の追加請負金を発注者より獲得することとなった。前期の工事原価発生額¥4,592,000、当期の工事原価発生額¥6,153,000であるとき、当期の完成工事高に関する仕訳を示しなさい。

＜勘定科目群＞

A	現金	B	当座預金	C	有価証券	D	完成工事未収入金
E	受取手形	F	前払費用	G	建設仮勘定	H	建物
J	貸倒引当金	K	未払金	L	営業外支払手形	M	資本金
N	資本準備金	Q	完成工事高	R	完成工事原価	S	貸倒損失
T	貸倒引当金繰入額	U	貸倒引当金戻入	W	有価証券売却益	X	有価証券売却損

解答&解説

仕訳　記号（A～X）も必ず記入のこと

No.	借方 記号	借方 勘定科目	借方 金額	貸方 記号	貸方 勘定科目	貸方 金額
(例)	B	当座預金	100000	A	現金	100000
(1)	B	当座預金	1560000	C	有価証券	1500000
				W	有価証券売却益	60000
(2)	G	建設仮勘定	5000000	L	営業外支払手形	5000000
(3)	J	貸倒引当金	800000	D	完成工事未収入金	1600000
	S	貸倒損失	800000			
(4)	N	資本準備金	12000000	M	資本金	12000000
(5)	D	完成工事未収入金	7350000	Q	完成工事高	7350000

(1)　簿価が@￥500の有価証券を@￥520で売却したため，その差額は「有価証券売却益」勘定で処理される。

(2)　建設中である自家用固定資産に対する支出は，「建設仮勘定」で処理する。また，固定資産の取得など営業取引以外の取引において振り出した約束手形は，「営業外支払手形」で処理する。

⑶　前期の決算において，貸倒れに備えて貸倒引当金¥800,000を設定している。これを超える貸倒金額については，「貸倒損失」勘定で処理する。

⑷　資本金の金額を増額することを増資という。増資の手段の１つとして，剰余金の額を減少することにより増資を行うことができる（会社法第450条）。本問では，剰余金のうち資本準備金を減少させることで増資を行っているため，資本準備金の減額と資本金の増額の仕訳が必要となる。なお，増資に当たっては，必ずしも株式を発行する必要はない。

⑸　工事進行基準を適用している場合，当期に計上すべき工事収益額は次のとおり計算される。

当期の工事収益額＝工事収益総額×工事進捗度－前期までに計上した工事収益額

前期の完成工事高は，次のとおりである。

$$35,000,000 \times \frac{4,592,000}{28,700,000} = 5,600,000$$

当期の完成工事高は，次のとおり計算される。

$$(35,000,000 + 2,000,000) \times \frac{4,592,000 + 6,153,000}{28,700,000 + 2,000,000} - 5,600,000 = 7,350,000$$

問題

〔第２問〕　次の ［　　］ に入る正しい金額を計算しなさい。　（12点）

⑴　当月の賃金について、支給総額¥4,260,000から源泉所得税等¥538,000を控除し、現金にて支給した。前月賃金未払高が¥723,000で、当月賃金未払高が¥821,000であったとすれば、当月の労務費は¥ ［　　］ である。

⑵　本店における支店勘定は期首に¥152,000の借方残高であった。期中に、本店から支店に備品¥85,000を発送し、支店から本店に¥85,000の送金があり、支店が負担すべき交際費¥15,000を本店が立替払いしたとすれば、本店の支店勘定は期末に¥ ［　　］ の借方残高となる。

⑶　期末に当座預金勘定残高と銀行の当座預金残高の差異分析を行ったところ、次の事実が判明した。①銀行閉店後に現金¥10,000を預け入れたが、翌日の入金として取り扱われていた。②工事代金の未収分¥32,000の振込みがあったが、その通知が当社に届いていなかった、③銀行に取立依頼した小切手¥43,000の取立てが未完了であった、④通信代¥9,000が引き落とされていたが、その通知が当社に未達であった。このとき、当座預金勘定残高は、銀行の当座預金残高より¥ ［　　］ 多い。

⑷　Ａ社を¥5,000,000で買収した。買収直前のＡ社の資産・負債の簿価は、材料¥800,000、建物¥2,200,000、土地¥500,000、工事未払金¥1,200,000、借入金¥1,800,000であり、土地については時価が¥1,200,000であった。この取引により発生したのれんについて、会計基準が定める最長期間で償却した場合の１年分の償却額は¥ ［　　］ である。

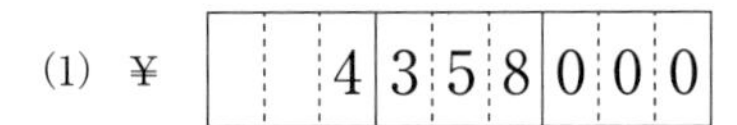

(1) ¥ 4358000　　(2) ¥ 167000

(3) ¥ 30000　　(4) ¥ 190000

(1)　賃金計算期間と当月労務費

労務費の計算期間は月次であるが，賃金支払額の計算期間はそれと合致していないことが多い。

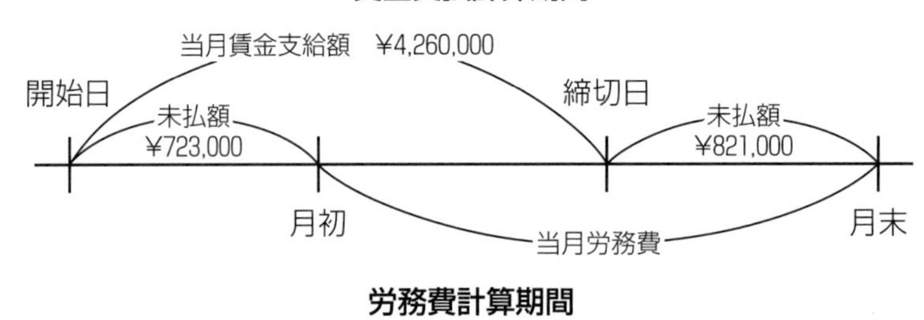

当月労務費：4, 260, 000－723, 000＋821, 000＝4, 358, 000

(2)　本支店会計

ア．備品の送付に関する仕訳

本店	（借方）支店	85, 000	（貸方）備品	85, 000
支店	（借方）備品	85, 000	（貸方）本店	85, 000

イ．本支店間の送金に関する仕訳

本店	（借方）現金	85, 000	（貸方）支店	85, 000
支店	（借方）本店	85, 000	（貸方）現金	85, 000

ウ．交際費に関する仕訳

本店	（借方）支店	15, 000	（貸方）現金	15, 000
支店	（借方）交際費	15, 000	（貸方）本店	15, 000

上記取引後の本店における支店勘定は，次のとおりとなる。

支店

期首残高	152,000	イ	85,000
ア	85,000		
ウ	15,000		

(3) 銀行勘定調整表

企業の帳簿上の「当座預金」勘定の残高と銀行の実際の残高とは，一致しない場合が多い。その原因は，小切手を受け取った相手先が銀行に取立依頼をしていないこと（未取付小切手），小切手を作成して仕訳を完了したものの，その小切手を未だ相手先に引き渡していないこと（未渡小切手），自動振込・自動引落しされた金額を帳簿記入していないことなどが考えられる。この場合には，銀行勘定調整表を作成し，あるべき残高を確認しておくことが必要である。

銀行勘定調整表

	帳簿残高		銀行残高
	x		y
① 時間外の預入れ			10,000
② 入金の未通知	32,000		
③ 未取立小切手			43,000
④ 自動引落し	−9,000		
修正後の残高	z	← 一致する →	z

よって，xはyよりも¥30,000多いことがわかる。

(4) のれん

企業買収の際に，被買収企業（売手側）の純資産の時価と買収価額とに差額が生じることがある。買収価額が純資産の時価を超えているときには，被買収企業のブランド，ノウハウ，技術力，信用力といった数値化しにくい企業価値が表面化したものと考えられる。この超過額は，無形固定資産である「のれん」勘定で処理される。

のれんは，20年以内に規則的な方法で減価償却することが定められており，通常は定額法が用いられる。

● 被買収企業の純資産の時価

資産4, 200, 000（＝800, 000＋2, 200, 000＋1, 200, 000）－負債3, 000, 000（＝1, 200, 000＋1, 800, 000）＝純資産1, 200, 000

● のれんの金額

買収価額5, 000, 000－純資産の時価1, 200, 000＝3, 800, 000

● のれんの償却額

$$\frac{3,800,000}{20}=190,000$$

〔第 3 問〕 次の＜資料＞に基づき、解答用紙に示す各勘定口座に適切な勘定科目あるいは金額を記入し、完成工事原価報告書を作成しなさい。なお、記入すべき勘定科目については、下記の＜勘定科目群＞から選び、その記号（A～G）で解答しなさい。（14 点）

＜資料＞

（単位：円）

	材料費	労務費	外注費	経費（うち、人件費）
工事原価期首残高	186,000	765,000	1,735,000	94,000 (9,000)
工事原価次期繰越額	292,000	831,000	2,326,000	111,000 (12,000)
当期の工事原価発生額	863,000	3,397,000	9,595,000	595,000 (68,000)

＜勘定科目群＞

A 完成工事高　B 未成工事受入金　C 支払利息　D 未成工事支出金
E 完成工事原価　F 損益　G 販売費及び一般管理費

解答&解説

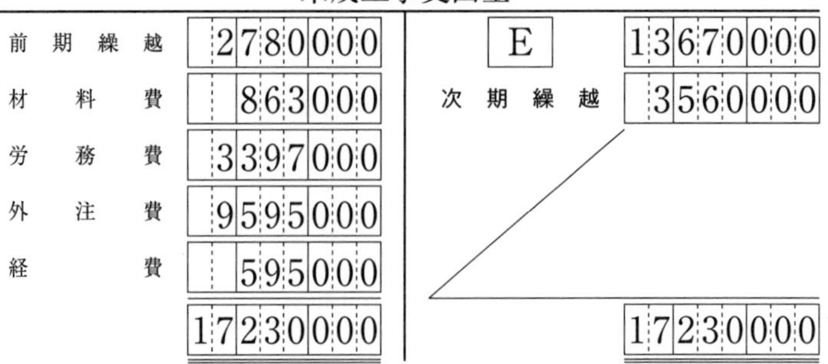

未成工事支出金

前期繰越	2,780,000	E	13,670,000
材料費	863,000	次期繰越	3,560,000
労務費	3,397,000		
外注費	9,595,000		
経費	595,000		
	17,230,000		17,230,000

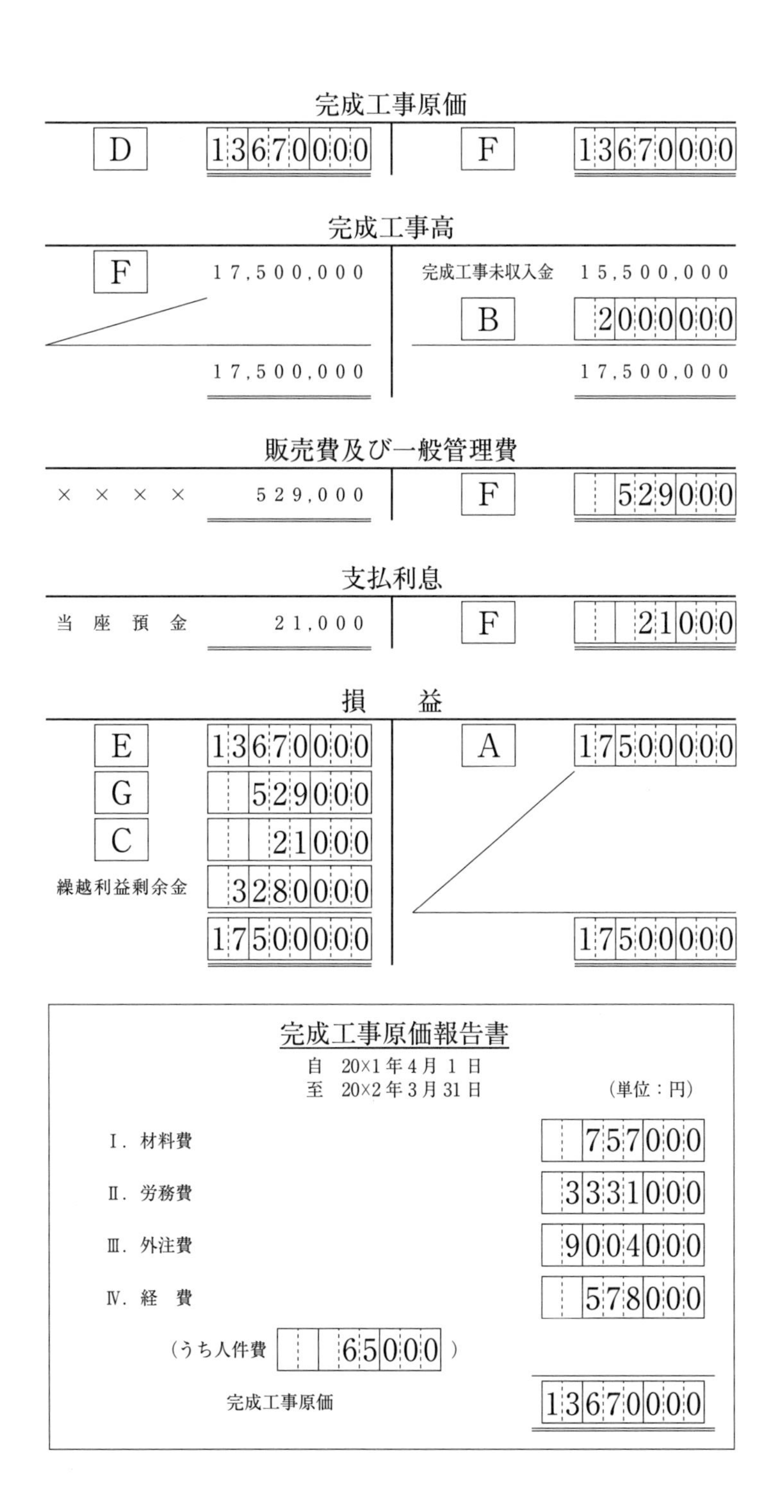

完成工事原価

D	13670000	F	13670000

完成工事高

F	17,500,000	完成工事未収入金	15,500,000
		B	2000000
	17,500,000		17,500,000

販売費及び一般管理費

× × × ×	529,000	F	529000

支払利息

当 座 預 金	21,000	F	21000

損　　益

E	13670000	A	17500000
G	529000		
C	21000		
繰越利益剰余金	3280000		
	17500000		17500000

完成工事原価報告書

自　20×1年4月1日
至　20×2年3月31日

(単位：円)

Ⅰ. 材料費	757000
Ⅱ. 労務費	3331000
Ⅲ. 外注費	9004000
Ⅳ. 経　費	578000
(うち人件費 65000)	
完成工事原価	13670000

●「未成工事支出金」勘定

　前期繰越　¥2,780,000（＝¥186,000＋¥765,000＋¥1,735,000＋¥94,000）

　次期繰越　¥3,560,000（＝¥292,000＋¥831,000＋¥2,326,000＋¥111,000）

「未成工事支出金」勘定には発生した工事原価（材料費，労務費，外注費，経費）が集計され，このうち完成した工事に関する原価が「完成工事原価」勘定に振り替えられる。未成工事支出金の次期繰越が¥3,560,000であるため，「完成工事原価」勘定へ振り替えられる金額は¥13,670,000であることが判明する。

●収益・費用の各勘定

　収益・費用の各勘定の残高については，「損益」勘定に振り替えたうえで帳簿を締め切る。「損益」勘定の残高については，「繰越利益剰余金」勘定に振り替えたうえで帳簿を締め切る。

●完成工事原価の内訳

　材料費：¥186,000＋¥863,000－¥292,000＝¥757,000

　労務費：¥765,000＋¥3,397,000－¥831,000＝¥3,331,000

　外注費：¥1,735,000＋¥9,595,000－¥2,326,000＝¥9,004,000

　経　費：¥94,000＋¥595,000－¥111,000＝¥578,000

　うち人件費：¥9,000＋¥68,000－¥12,000＝¥65,000

〔第4問〕　次の各問に解答しなさい。　(24点)

問1　当月に、次のような費用が発生した。No.101工事の工事原価に算入すべき項目については「A」、工事原価に算入すべきでない項目については「B」を解答用紙の所定の欄に記入しなさい。

1．No.101工事現場の安全管理講習会費用
2．No.101工事を管轄する支店の総務課員給与
3．本社営業部員との懇親会費用
4．No.101工事現場での資材盗難による損失
5．No.101工事の外注契約書印紙代

問２　次の<資料>に基づき、解答用紙の部門費振替表を完成しなさい。なお、配賦方法については、直接配賦法によること。

<資料>

1．補助部門費の配賦基準と配賦データ

補助部門	配賦基準	A工事	B工事	C工事
仮設部門	セット×日数	?	?	?
車両部門	運搬量	135 t/km	?	115 t/km
機械部門	馬力数×時間	10 × 40 時間	12 × 50 時間	?

2．各補助部門の原価発生額は次のとおりである。

(単位：円)

仮設部門	車両部門	機械部門
?	1,200,000	1,440,000

解答&解説

問１　記号（AまたはB）

1	2	3	4	5
A	B	B	B	A

問２

部門費振替表

(単位：円)

摘　要	工事現場			補助部門		
	A工事	B工事	C工事	仮設部門	車両部門	機械部門
部門費合計	8,530,000	4,290,000	2,640,000	1680000	1200000	1440000
仮設部門費	336,000	924,000	420,000			
車両部門費	324000	600,000	276000			
機械部門費	480000	720000	240,000			
補助部門費配賦額合計	1140000	2244000	936000			
工事原価	9670000	6534000	3576000			

問1

原価とは，経営における一定の給付に関わらせて把握された財貨または用役の消費を貨幣価値的に表したものである。

経営目的に関連しない価値の減少や異常な状態を原因とする価値の減少は，原価に算入せずに非原価項目とする。

なお，原価は製品原価（建設業では工事原価）と期間原価とに区別される。製品原価とは一定単位の製品（建設業では特定の工事契約）に集計された原価であり，期間原価とは一定期間における発生額を当期の収益に直接対応させて把握した原価である。

本問では，工事原価となるか否かが問われている。2および3は期間原価となり，4は非原価である。

問2

直接配賦法とは，補助部門相互間のサービスの授受を無視して，補助部門は工事部門にのみサービスを提供しているという前提で配賦していく方法である。

本問では，各補助部門の原価を，それぞれの配賦基準によりA工事，B工事，C工事に直接配賦していく。

●車両部門費配賦額

B工事には¥600,000が配賦されている（解答用紙参照）。よって総額¥1,200,000から¥600,000を控除した残額を，A工事とC工事に配賦していく。

A工事：$(1,200,000-600,000)\times\frac{135}{135+115}=$ ¥324,000

C工事：$(1,200,000-600,000)\times\frac{115}{135+115}=$ ¥276,000

●機械部門費配賦額

C工事には¥240,000が配賦されている（解答用紙参照）。よって総額¥1,440,000から¥240,000を控除した残額を，A工事とB工事に配賦していく。

A工事：$(1,440,000-240,000)\times\frac{10\times 40}{10\times 40+12\times 50}=$ ¥480,000

B工事：$(1,440,000-240,000)\times\frac{12\times 50}{10\times 40+12\times 50}=$ ¥720,000

問題

〔第5問〕 次の<決算整理事項等>に基づき、解答用紙の精算表を完成しなさい。なお、工事原価は未成工事支出金を経由して処理する方法によっている。会計期間は1年である。また、決算整理の過程で新たに生じる勘定科目で、精算表上に指定されている科目はそこに記入すること。 (30点)

<決算整理事項等>

(1) 期末における現金帳簿残高は¥17,500であるが、実際の手元有高は¥10,500であった。調査の結果、不足額のうち¥5,500は郵便切手の購入代金の記帳漏れであった。それ以外の原因は不明である。

(2) 仮設材料費の把握はすくい出し方式を採用しているが、現場から撤去されて倉庫に戻された評価額¥1,500について未処理であった。

(3) 仮払金の期末残高は、次の内容であることが判明した。
① ¥5,000は過年度の完成工事に関する補修費であった。
② ¥23,000は法人税等の中間納付額である。

(4) 減価償却については、次のとおりである。なお、当期中の固定資産の増減取引は③のみである。
① 機械装置（工事現場用） 実際発生額 ¥60,000
なお、月次原価計算において、月額¥5,500を未成工事支出金に予定計上している。当期の予定計上額と実際発生額との差額は当期の工事原価（未成工事支出金）に加減する。
② 備品（本社用） 次の事項により減価償却費を計上する。
取得原価 ¥45,000 残存価額 ゼロ 耐用年数 3年 減価償却方法 定額法
③ 建設仮勘定 適切な科目に振り替えた上で、次の事項により減価償却費を計上する。
当期首に完成した本社事務所（取得原価 ¥36,000 残存価額 ゼロ 耐用年数 24年 減価償却方法 定額法）

(5) 仮受金の期末残高は、次の内容であることが判明した。
① ¥9,000は前期に完成した工事の未収代金回収分である。
② ¥16,000は当期末において未着手の工事に係る前受金である。

(6) 売上債権の期末残高に対して1.2％の貸倒引当金を計上する（差額補充法）。

(7) 完成工事高に対して0.2％の完成工事補償引当金を計上する（差額補充法）。

(8) 退職給付引当金の当期繰入額は、本社事務員について¥3,200、現場作業員について¥8,400である。

(9) 上記の各調整を行った後の未成工事支出金の次期繰越額は¥102,100である。

(10) 当期の法人税、住民税及び事業税として、税引前当期純利益の30％を計上する。

精　算　表

（単位：円）

勘定科目	残高試算表 借方	残高試算表 貸方	整理記入 借方	整理記入 貸方	損益計算書 借方	損益計算書 貸方	貸借対照表 借方	貸借対照表 貸方
現金	17500			(1) 7000			10500	
当座預金	283000						283000	
受取手形	54000						54000	
完成工事未収入金	497500			(5)① 9000			488500	
貸倒引当金		6800	(6) 290					6510
未成工事支出金	212000		(7) 1600 (8) 8400	(2) 1500 (4)① 6000 (9) 112400			102100	
材料貯蔵品	2800		(2) 1500				4300	
仮払金	28000			(3)① 5000 (10) 23000				
機械装置	500000						500000	
機械装置減価償却累計額		122000	(4)① 6000					116000
備品	45000						45000	
備品減価償却累計額		15000		(4)② 15000				30000
建設仮勘定	36000			(4)③ 36000				
支払手形		72200						72200
工事未払金		122500						122500
借入金		318000						318000
未払金		129000						129000
未成工事受入金		65000		(5)② 16000				81000
仮受金		25000	(5)① 9000 (5)② 16000					
完成工事補償引当金		33800	(3)① 5000	(7) 1600				30400
退職給付引当金		182600		(8) 11600				194200
資本金		100000						100000
繰越利益剰余金		156090						156090
完成工事高		15200000				15200000		
完成工事原価	13429000		(9) 112400		13541400			
販売費及び一般管理費	1449000				1449000			
受取利息配当金		25410				25410		
支払利息	19600				19600			
	16573400	16573400						
通信費			(1) 5500		5500			
雑損失			(1) 1500		1500			
備品減価償却費			(4)② 15000		15000			
建物			(4)③ 36000				36000	
建物減価償却費			(4)③ 1500		1500			
建物減価償却累計額				(4)③ 1500				1500
貸倒引当金戻入				(6) 290		290		
退職給付引当金繰入額			(8) 3200		3200			
未払法人税等				(10) 33700				33700
法人税、住民税及び事業税			(10) 56700		56700			
			279590	279590	15093400	15225700	1523400	1391100
当期（純利益）					132300			132300
					15225700	15225700	1523400	1523400

決算整理仕訳

(1)	(借) 通信費	5,500	(貸) 現金	7,000
	雑損失	1,500		

※ 原因が不明なため,「雑損失」勘定に振り替える。

(2)	(借) 材料貯蔵品	1,500	(貸) 未成工事支出金	1,500

(3)①	(借) 完成工事補償引当金	5,000	(貸) 仮払金	5,000

※ 引き渡した工事に対する補償費に対応するための引当金を設定しているので,費用を計上せずにこれを取り崩す。

② 法人税等の中間納付額については,(10)で処理する。

(4)①	(借) 機械装置減価償却累計額	6,000	(貸) 未成工事支出金	6,000

※ 実際発生額60,000－予定計上額5,500×12月＝△6,000（配賦超過）

②	(借) 備品減価償却費	15,000	(貸) 備品減価償却累計額	15,000

※ $\frac{45,000-0}{3}=15,000$

③	(借) 建物	36,000	(貸) 建設仮勘定	36,000

※ 建設中の固定資産は,建設仮勘定で処理されている。この勘定を完成後に具体的な固定資産の勘定に振り替える。

	(借) 建物減価償却費	1,500	(貸) 建物減価償却累計額	1,500

※ $\frac{36,000-0}{24}=1,500$

(5)①	(借) 仮受金	9,000	(貸) 完成工事未収入金	9,000
②	(借) 仮受金	16,000	(貸) 未成工事受入金	16,000

(6)	(借) 貸倒引当金	290	(貸) 貸倒引当金戻入	290

※ (54,000＋497,500－9,000)×1.2％－6,800＝△290（戻入れ）

⑺　（借）未成工事支出金　1,600　（貸）完成工事補償引当金　1,600

※　15,200,000×0.2％－（33,800－5,000）＝1,600

⑻　（借）退職給付引当金繰入額　3,200　（貸）退職給付引当金　11,600
　　　　未成工事支出金　8,400

⑼　（借）完成工事原価　112,400　（貸）未成工事支出金　112,400

※　212,000（決算整理前残高）－1,500⑵－6,000⑷①＋1,600⑺＋8,400⑻
　－X（完成工事原価勘定への振替額）＝102,100（次期繰越額）
　X＝112,400

⑽　（借）法人税，住民税及び事業税　56,700　（貸）仮払金　23,000
　　　　　　　　　　　　　　　　　　　　　　　　未払法人税等　33,700

※　収益合計：完成工事高（15,200,000）＋受取利息配当金（25,410）
　　　　＋貸倒引当金戻入（290）＝15,225,700
　費用合計：完成工事原価（13,429,000＋112,400）
　　　　＋販売費及び一般管理費（1,449,000）＋支払利息（19,600）
　　　　＋通信費（5,500）＋雑損失（1,500）＋備品減価償却費（15,000）
　　　　＋建物減価償却費（1,500）＋退職給付引当金繰入額（3,200）
　　　　＝15,036,700
　税引前当期純利益：15,225,700－15,036,700＝189,000
　法人税等＝189,000×30％＝56,700

第33回

問題

〔第１問〕　次の各取引について仕訳を示しなさい。使用する勘定科目は下記の＜勘定科目群＞の中から選び、その記号（A～X）と勘定科目を書くこと。なお、解答は次に掲げた（例）に対する解答例にならって記入しなさい。　(20点)

（例）　現金¥100,000を当座預金に預け入れた。

⑴　株主総会において、別途積立金¥1,800,000を取り崩すことが決議された。

⑵　本社事務所の新築工事が完成し引渡しを受けた。契約代金¥21,000,000のうち、契約時に¥7,000,000を現金で支払っており、残額は小切手を振り出して支払った。

⑶　社債（額面総額：¥5,000,000、償還期間：５年、年利：1.825％、利払日：毎年９月と３月の末日）を¥100につき¥98で５月１日に買入れ、端数利息とともに小切手を振り出して支払った。

⑷　機械（取得原価：¥8,200,000、減価償却累計額：¥4,920,000）を焼失した。同機械には火災保険が付してあり査定中である。

⑸　前期に完成し引き渡した建物に欠陥があったため、当該補修工事に係る外注工事代¥500,000（代金は未払い）が生じた。なお、完成工事補償引当金の残高は¥1,500,000である。

＜勘定科目群＞

A　現金	B　当座預金	C　投資有価証券	D　建物
E　建設仮勘定	F　工事未払金	G　機械装置減価償却累計額	H　完成工事補償引当金
J　機械装置	K　別途積立金	L　繰越利益剰余金	M　社債
N　社債利息	Q　外注費	R　完成工事補償引当金繰入	S　有価証券利息
T　支払利息	U　火災未決算	W　保険差益	X　火災損失

解答&解説

仕訳　記号（A～X）も必ず記入のこと

No.	借方			貸方		
	記号	勘定科目	金額	記号	勘定科目	金額
(例)	B	当座預金	100000	A	現金	100000
(1)	K	別途積立金	1800000	L	繰越利益剰余金	1800000
(2)	D	建物	21000000	E	建設仮勘定	7000000
				B	当座預金	14000000
(3)	C	投資有価証券	4900000	B	当座預金	4907500
	S	有価証券利息	7500			
(4)	G	機械装置減価償却累計額	4920000	J	機械装置	8200000
	U	火災未決算	3280000			
(5)	H	完成工事補償引当金	500000	F	工事未払金	500000

(1)　株主総会において，処分可能利益の処分（配当金の支払いや特定目的積立金への積立てなど）について決定される。また，特定目的積立金の目的外取崩しや目的を定めずに積み立てた積立金（別途積立金）の取崩しなども株主総会の決議に基づき行われる。

本問では株主総会で「別途積立金」を取り崩すことが決議されたため，別途積立金を処分可能利益である「繰越利益剰余金」へ振り替えることが必要となる。

⑵ 建設中である自家用固定資産に対する支出は，「建設仮勘定」で処理されているため，この金額を本勘定である「建物」に振り替える。

⑶ 満期まで保有する社債は“満期保有目的の債券”に分類され，「投資有価証券」で処理される。

また，社債を購入する場合，購入代金に加えて，直前の利払日から売買日までの期間に対応する利息を支払う必要がある。言い換えると，新たな所有者は，前所有者に対し，社債の発行者に代わって利息を立て替えて支払うこととなる。これにより，次の利払日までの間は収益である「有価証券利息」勘定は一時的に借方残高となるが，次の利払日に社債発行者より利息を受け取ることにより，貸方残高となる。

$$5,000,000 \times 1.825\% \times \frac{30}{365} = 7,500$$

⑷ 焼失した固定資産の簿価と受領する保険金額との差額が，「保険差益」または「火災損失」となる。本問では，保険金額が査定中なので，固定資産から「火災未決算」勘定に振り替えておく。今後，保険金額が確定した時点で，「火災未決算」勘定から「保険差益」，「火災損失」に振り替えることとなる。

⑸ 工事引渡後の一定期間内に，目的物の欠陥につき無償で補償することを契約で締結している場合には，会計上の引当金の設定要件に該当するため，「完成工事補償引当金」を設定する。実際に補償を行ったときには，この引当金を取り崩していく。

問題

〔第２問〕 次の ＿＿＿ に入る正しい数値を計算しなさい。 (12点)

⑴ 材料元帳の期末残高は数量が3,200個であり、単価は¥150であった。実地棚卸の結果、棚卸減耗50個が判明した。この材料の期末における取引価格が単価¥ ＿＿＿ である場合、材料評価損は¥25,200である。

⑵ 前期に請負金額¥80,000,000のA工事（工期は５年）を受注し、収益の認識については前期より工事進行基準を適用している。当該工事の前期における総見積原価は¥60,000,000であったが、当期末において、総見積原価を¥56,000,000に変更した。前期における工事原価の発生額は¥9,000,000であり、当期は¥10,600,000である。工事進捗度の算定を原価比例法によっている場合、当期の完成工事高は¥ ＿＿＿ である。

⑶ 次の４つの機械装置を償却単位とする総合償却を実施する。
機械装置A（取得原価：¥2,500,000、耐用年数：５年、残存価額：¥250,000）
機械装置B（取得原価：¥5,200,000、耐用年数：９年、残存価額：¥250,000）
機械装置C（取得原価：¥600,000、耐用年数：３年、残存価額：¥90,000）
機械装置D（取得原価：¥300,000、耐用年数：３年、残存価額：¥30,000）
この償却単位に定額法を適用し、加重平均法で計算した平均耐用年数は ＿＿＿ 年である。なお、小数点以下は切り捨てるものとする。

(4) 甲社（決算日は3月31日）は、就業規則において、賞与の支給月を6月と12月の年2回、支給対象期間をそれぞれ12月1日から翌5月末日、6月1日から11月末日と定めている。当期末において、翌6月の賞与支給額を¥12,000,000と見込み、賞与引当金を¥ ＿＿＿ 計上する。

解答&解説

(1) ¥ 142　　(2) ¥ 16000000

(3) 6 年　　(4) ¥ 8000000

(1) 材料評価損

材料の帳簿棚卸高と実地棚卸高との相違は，材料棚卸減耗費として処理する。

50個×150＝7,500

材料の原価と時価とを比較し，時価が下落している場合には，時価で評価することが一般的であり，その時価の下落による損失が材料評価損である。

(3,200－50) 個×(150－ x)＝25,200

x ＝142

(2) 工事進行基準

工事進行基準を適用している場合，当期に計上すべき工事収益額は次のとおり計算される。

当期の工事収益額＝工事収益総額×工事進捗度－前期までに計上した工事収益額

前期の完成工事高は，次のとおりである。

$$80,000,000\times\frac{9,000,000}{60,000,000}=12,000,000$$

当期の完成工事高は，次のとおり。

$$80,000,000\times\frac{9,000,000+10,600,000}{56,000,000}-12,000,000=16,000,000$$

(3) 総合償却法

通常の減価償却は資産ごとに行われる（個別償却法)。これに対し，複数の資産をグループとし，そのグループを単位として減価償却を行う方法が，総合償却法である。総合償却法では，グループにおける耐用年数（平均耐用年数）を決定する必要があり，これには単純平均法または加重平均法が用いられる。

$$\text{加重平均法における平均耐用年数}：\frac{\text{グループ内の各資産の減価償却総額の合計額}}{\text{グループ内の各資産の個別償却法による減価償却費の合計額}}$$

	減価償却総額	耐用年数	個別償却法による減価償却費
A	2,500,000－250,000	5年	450,000
B	5,200,000－250,000	9年	550,000
C	600,000－ 90,000	3年	170,000
D	300,000－ 30,000	3年	90,000
計	7,980,000		1,260,000

$$\frac{7,980,000}{1,260,000}=6$$

なお，本問では指示があるが，指示がなくとも端数は切り捨てる。

⑷　賞与引当金

賞与の支給対象期間が12月から翌年５月までの６か月であるため，３月末の決算に当たっては，当期に負担すべき金額を費用として計上する必要がある。具体的には「賞与引当金繰入」（費用）として計上し，この貸方には「賞与引当金」（負債）が計上される。

賞与引当金繰入額は，次のとおり。

$$12,000,000\times\frac{4}{6}=8,000,000$$

翌期に賞与を支払った場合に，この引当金が取り崩される。

問題

〔第3問〕　次の<資料>に基づき、適切な部門および金額を記入し、解答用紙の「部門費振替表」を作成しなさい。配賦方法は「階梯式配賦法」とし、補助部門費に関する配賦は第1順位を運搬部門、第2順位を機械部門、第3順位を仮設部門とする。また、計算の過程において端数が生じた場合には、円未満を四捨五入すること。　(14点)

<資料>

(1) 各部門費の合計額

工事第1部　¥5,435,000　工事第2部　¥8,980,000　工事第3部　¥2,340,000
運搬部門　¥185,000　機械部門　¥425,300　仮設部門　¥253,430

(2) 各補助部門の他部門へのサービス提供度合

(単位：%)

	工事第1部	工事第2部	工事第3部	仮設部門	機械部門	運搬部門
運搬部門	25	40	28	5	2	—
機械部門	32	35	25	8	—	—
仮設部門	30	40	30	—	—	—

解答&解説

部門費振替表

(単位：円)

摘要	合計	施工部門			補助部門		
		工事第1部	工事第2部	工事第3部	(仮設)部門	(機械)部門	(運搬)部門
部門費合計	17618730	5435000	8980000	2340000	253430	425300	185000
(運搬)部門	185000	46250	74000	51800	9250	3700	——
(機械)部門	429000	137280	150150	107250	34320	429000	——
(仮設)部門	297000	89100	118800	89100	297000	——	——
合計	17618730	5707630	9322950	2588150	——	——	——
(配賦金額)	——	272630	342950	248150	——	——	——

階梯式配賦法とは，補助部門に順位を付して配賦していく方法である。第1順位の補助部門は，他の部門へ配賦を行い，第2順位の補助部門は，第1順位の補助部門から受け取った補助部門費を含めて残りの部門へ配賦を行い，第3順位の補助部門は，第1順位の補助部門および第2順位の補助部門から受け取った補助部門費を含めて残りの部門へ配賦していく。

・第1次配賦

$$\text{工事第1部：}185,000\times\frac{25}{25+40+28+5+2}=¥46,250$$

工事第２部：$185,000 \times \frac{40}{25+40+28+5+2} = ¥74,000$

工事第３部：$185,000 \times \frac{28}{25+40+28+5+2} = ¥51,800$

仮設部門　：$185,000 \times \frac{5}{25+40+28+5+2} = ¥\ 9,250$

機械部門　：$185,000 \times \frac{2}{25+40+28+5+2} = ¥\ 3,700$

・第２次配賦

工事第１部：$(425,300+3,700) \times \frac{32}{32+35+25+8} = ¥137,280$

工事第２部：$(425,300+3,700) \times \frac{35}{32+35+25+8} = ¥150,150$

工事第３部：$(425,300+3,700) \times \frac{25}{32+35+25+8} = ¥107,250$

仮設部門　：$(425,300+3,700) \times \frac{8}{32+35+25+8} = ¥\ 34,320$

・第３次配賦

工事第１部：$(253,430+9,250+34,320) \times \frac{30}{30+40+30} = ¥\ 89,100$

工事第２部：$(253,430+9,250+34,320) \times \frac{40}{30+40+30} = ¥118,800$

工事第３部：$(253,430+9,250+34,320) \times \frac{30}{30+40+30} = ¥\ 89,100$

〔第4問〕　以下の問に解答しなさい。　(24点)

問1　次の費用あるいは損失は、原価計算制度によれば、下記の<区分>のいずれに属するものか、記号（A～C）で解答しなさい。

1．鉄骨資材の購入と現場搬入費
2．本社経理部職員の出張旅費
3．銀行借入金利子
4．資材盗難による損失
5．工事現場監督者の人件費

<区分>
A　プロダクト・コスト（工事原価）
B　ピリオド・コスト（期間原価）
C　非原価

問2　次の<資料>により、解答用紙の「工事別原価計算表」を完成しなさい。また、工事間接費配賦差異の月末残高を計算しなさい。なお、その残高が借方の場合は「A」、貸方の場合は「B」を、解答用紙の所定の欄に記入しなさい。

<資料>

1．当月は、繰越工事であるNo.501工事とNo.502工事、当月に着工したNo.601工事とNo.602工事を施工し、月末にはNo.501工事とNo.601工事が完成した。

2．前月から繰り越した工事原価に関する各勘定の前月繰越高は、次のとおりである。

⑴　未成工事支出金　(単位：円)

工事番号	No.501	No.502
材料費	235,000	580,000
労務費	329,000	652,000
外注費	650,000	1,328,000
経　費	115,000	218,400

⑵　工事間接費配賦差異　¥3,500（借方残高）
(注）工事間接費配賦差異は月次においては繰り越すこととしている。

3．労務費に関するデータ
⑴　労務費計算は予定賃率を用いており、当会計期間の予定賃率は1時間当たり¥2,100である。
⑵　当月の直接作業時間
No.501　153時間　No.502　253時間　No.601　374時間　No.602　192時間

4．当月の工事別直接原価額　(単位：円)

工事番号	No.501	No.502	No.601	No.602
材料費	258,000	427,000	544,000	175,000
労務費	(資料により各自計算)			
外注費	765,000	958,000	2,525,000	419,000
経　費	95,700	113,700	195,600	62,800

5．工事間接費の配賦方法と実際発生額
⑴　工事間接費については直接原価基準による予定配賦法を採用している。
⑵　当会計期間の直接原価の総発生見込額は¥56,300,000である。
⑶　当会計期間の工事間接費予算額は¥2,252,000である。
⑷　工事間接費の当月実際発生額は¥341,000である。
⑸　工事間接費はすべて経費である。

解答&解説

問1　記号（A～C）

1	2	3	4	5
A	B	C	C	A

問2

工事別原価計算表

（単位：円）

摘　要	No.501	No.502	No.601	No.602	計
月初未成工事原価	1329000	2778400	――	――	4107400
当月発生工事原価					
材料費	258000	427000	544000	175000	1404000
労務費	321300	531300	785400	403200	2041200
外注費	765000	958000	2525000	419000	4667000
直接経費	95700	113700	195600	62800	467800
工事間接費	57600	81200	162000	42400	343200
当月完成工事原価	2826600	――	4212000	――	7038600
月末未成工事原価	――	4889600	――	1102400	5992000

工事間接費配賦差異月末残高　1300 円　　記号（AまたはB）　A

問1

原価とは，経営における一定の給付に関わらせて把握された財貨または用役の消費を貨幣価値的に表したものである。

原価は，製品原価（建設業では工事原価）と期間原価とに区別される。製品原価とは一定単位の製品（建設業では特定の工事契約）に集計された原価であり，期間原価とは一定期間における発生額を当期の収益に直接対応させて把握した原価である。通常は，完成工事原価および未成工事支出金を構成する原価を製品原価とし，販売費及び一般管理費は期間原価とする。

なお，財務費用などの経営目的に関連しない価値の減少や異常な状態を原因とする価値の減少は，原価に算入せずに非原価項目とする。

問2

・労務費

No. 501：2, 100×153時間＝¥321, 300

No. 502：2, 100×253時間＝¥531, 300

No. 601：2, 100×374時間＝¥785, 400

No. 602：2, 100×192時間＝¥403, 200

・工事間接費の配賦

予定配賦率：$\frac{2,252,000}{56,300,000}$＝¥0. 04

No. 501：0. 04×（258, 000＋321, 300＋765, 000＋95, 700）＝¥57, 600

No. 502：0. 04×（427, 000＋531, 300＋958, 000＋113, 700）＝¥81, 200

No. 601：0. 04×（544, 000＋785, 400＋2, 525, 000＋195, 600）＝¥162, 000

No. 602：0. 04×（175, 000＋403, 200＋419, 000＋62, 800）＝¥42, 400

計　¥343, 200

・工事間接費配賦差異

工事間接費

実際発生額	341, 000	予定配賦額	343, 200
工事間接費配賦差異	2, 200		

工事間接費配賦差異

前月繰越	3, 500	工事間接費	2, 200

→　借方残高　1, 300

問題

〔第５問〕　次の<決算整理事項等>に基づき、解答用紙の精算表を完成しなさい。なお、工事原価は未成工事支出金を経由して処理する方法によっている。会計期間は１年である。また、決算整理の過程で新たに生じる勘定科目で、精算表上に指定されている科目はそこに記入すること。（30点）

<決算整理事項等>

⑴　期末における現金の帳簿残高は¥19,800であるが、実際の手許有高は¥18,400であった。原因を調査したところ、本社において事務用文房具¥800を現金購入していたが未処理であることが判明した。それ以外の原因は不明である。

⑵　材料貯蔵品の期末実地棚卸により、棚卸減耗損¥1,000が発生していることが判明した。棚卸減耗損については全額工事原価として処理する。

⑶　仮払金の期末残高は、以下の内容であることが判明した。
①　¥3,000は本社事務員の出張仮払金であった。精算の結果、実費との差額¥500が本社事務員より現金にて返金された。
②　¥25,000は法人税等の中間納付額である。

⑷　減価償却については、以下のとおりである。なお、当期中に固定資産の増減取引はない。
①　機械装置（工事現場用）　　実際発生額　¥56,000
なお、月次原価計算において、月額¥4,500を未成工事支出金に予定計上している。当期の予定計上額と実際発生額との差額は当期の工事原価に加減する。
②　備品（本社用）　　以下の事項により減価償却費を計上する。
取得原価　¥90,000　　残存価額　ゼロ　　耐用年数　３年　　減価償却方法　定額法

⑸　有価証券（売買目的で所有）の期末時価は¥153,000である。

⑹　仮受金の期末残高は、以下の内容であることが判明した。
①　¥7,000は前期に完成した工事の未収代金回収分である。
②　¥21,000は当期末において着工前の工事に係る前受金である。

⑺　売上債権の期末残高に対して1.2％の貸倒引当金を計上する（差額補充法）。

⑻　完成工事高に対して0.2％の完成工事補償引当金を計上する（差額補充法）。

⑼　退職給付引当金の当期繰入額は本社事務員について¥2,800、現場作業員について¥8,600である。

⑽　上記の各調整を行った後の未成工事支出金の次期繰越額は¥132,000である。

⑾　当期の法人税、住民税及び事業税として税引前当期純利益の30％を計上する。

解答&解説

精　算　表

（単位：円）

勘定科目	残高試算表 借方	残高試算表 貸方	整理記入 借方	整理記入 貸方	損益計算書 借方	損益計算書 貸方	貸借対照表 借方	貸借対照表 貸方
現金	19,800		(3)① 500	(1) 1,400			18,900	
当座預金	214,500						214,500	
受取手形	112,000						112,000	
完成工事未収入金	565,000			(6)① 7,000			558,000	
貸倒引当金		7,800		(7) 240				8,040
有価証券	171,000			(5) 18,000			153,000	
未成工事支出金	213,500		(2) 1,000 (4)① 2,000 (8) 500 (9) 8,600	(10) 93,600			132,000	
材料貯蔵品	2,800			(2) 1,000			1,800	
仮払金	28,000			(3)① 3,000 (11) 25,000				
機械装置	300,000						300,000	
機械装置減価償却累計額		162,000		(4)① 2,000				164,000
備品	90,000						90,000	
備品減価償却累計額		30,000		(4)② 30,000				60,000
支払手形		43,200						43,200
工事未払金		102,500						102,500
借入金		238,000						238,000
未払金		124,000						124,000
未成工事受入金		89,000		(6)② 21,000				110,000
仮受金		28,000	(6)① 7,000 (6)② 21,000					
完成工事補償引当金		24,100		(8) 500				24,600
退職給付引当金		113,900		(9) 11,400				125,300
資本金		100,000						100,000
繰越利益剰余金		185,560						185,560
完成工事高		12,300,000				12,300,000		
完成工事原価	10,670,800		(10) 93,600		10,764,400			
販売費及び一般管理費	1,167,000				1,167,000			
受取利息配当金		23,400				23,400		
支払利息	17,060				17,060			
	13,571,460	13,571,460						
事務用消耗品費			(1) 800		800			
旅費交通費			(3)① 2,500		2,500			
雑損失			(1) 600		600			
備品減価償却費			(4)② 30,000		30,000			
有価証券評価損			(5) 18,000		18,000			
貸倒引当金繰入額			(7) 240		240			
退職給付引当金繰入額			(9) 2,800		2,800			
未払法人税等				(11) 71,000				71,000
法人税、住民税及び事業税			(11) 96,000		96,000			
			285,140	285,140	12,099,400	12,323,400	1,580,200	1,356,200
当期（純利益）					224,000			224,000
					12,323,400	12,323,400	1,580,200	1,580,200

決算整理仕訳

⑴	（借）事務用消耗品費	800	（貸）現金	1,400
	雑損失	600		

※　原因が不明なため，「雑損失」勘定に振り替える。

⑵	（借）未成工事支出金	1,000	（貸）材料貯蔵品	1,000

⑶①	（借）旅費交通費	2,500	（貸）仮払金	3,000
	現金	500		

②　法人税等の中間納付額については，⑾で処理する。

⑷①	（借）未成工事支出金	2,000	（貸）機械装置減価償却累計額	2,000

※　実際発生額56,000－予定計上額4,500×12月＝2,000（配賦不足）

②	（借）備品減価償却費	30,000	（貸）備品減価償却累計額	30,000

※　$\frac{90,000-0}{3}=30,000$

⑸	（借）有価証券評価損	18,000	（貸）有価証券	18,000

※　簿価171,000－時価153,000＝18,000

⑹①	（借）仮受金	7,000	（貸）完成工事未収入金	7,000
②	（借）仮受金	21,000	（貸）未成工事受入金	21,000

⑺	（借）貸倒引当金繰入額	240	（貸）貸倒引当金	240

※　（112,000＋565,000－7,000）×1.2％－7,800＝240

⑻	（借）未成工事支出金	500	（貸）完成工事補償引当金	500

※　12,300,000×0.2％－24,100＝500

⑼　（借）退職給付引当金繰入額　2,800　（貸）退職給付引当金　11,400
　　　　未成工事支出金　8,600

⑽　（借）完成工事原価　93,600　（貸）未成工事支出金　93,600

※　213,500（決算整理前残高）＋1,000⑵＋2,000⑷①＋500⑻＋
8,600⑼－X（完成工事原価勘定への振替額）＝132,000（次期繰越額）
X＝93,600

⑾　（借）法人税，住民税及び事業税　96,000　（貸）仮払金　25,000
　　　　　　　　　　　　　　　　　　　　　未払法人税等　71,000

※　収益合計：完成工事高(12,300,000)＋受取利息配当金(23,400)＝12,323,400
費用合計：完成工事原価（10,670,800＋93,600）
＋販売費及び一般管理費（1,167,000）＋支払利息（17,060）
＋事務用消耗品費（800）＋旅費交通費（2,500）＋雑損失（600）
＋備品減価償却費（30,000）＋有価証券評価損（18,000）
＋貸倒引当金繰入額（240）＋退職給付引当金繰入額（2,800）
＝12,003,400
税引前当期純利益：12,323,400－12,003,400＝320,000
法人税等＝320,000×30％＝96,000

令和５年　３月12日実施

問題

〔第１問〕　次の各取引について仕訳を示しなさい。使用する勘定科目は下記の＜勘定科目群＞から選び、その記号（A～X）と勘定科目を書くこと。なお、解答は次に掲げた（例）に対する解答例にならって記入しなさい。　（20点）

（例）　現金¥100,000を当座預金に預け入れた。

⑴　甲社は株主総会の決議により、資本金¥12,000,000を減資した。

⑵　乙社は、確定申告時において法人税を現金で納付した。対象事業年度の法人税額は¥3,800,000であり、期中に中間申告として¥1,500,000を現金で納付済である。

⑶　丙工務店は、自己所有の中古のクレーン（簿価¥1,500,000）と交換に、他社のクレーンを取得し交換差金¥100,000を小切手を振り出して支払った。

⑷　前期に貸倒損失として処理済の完成工事未収入金¥520,000が現金で回収された。

⑸　前期に着工した請負金額¥28,000,000のA工事については、工事進行基準を適用して収益計上している。前期における工事原価発生額は¥1,666,000であり、当期は¥9,548,000であった。工事原価総額の見積額は当初¥23,800,000であったが、当期において見積額を¥24,920,000に変更した。工事進捗度の算定について原価比例法によっている場合、当期の完成工事高に関する仕訳を示しなさい。

＜勘定科目群＞

A　現金	B　当座預金	C　受取手形	D　完成工事未収入金
E　未成工事支出金	F　仮払法人税等	G　機械装置	H　工事未払金
J　貸倒引当金	K　未払法人税等	L　資本金	M　その他資本剰余金
N　利益準備金	Q　完成工事高	R　完成工事原価	S　貸倒損失
T　貸倒引当金戻入益	U　償却債権取立益	W　固定資産売却益	X　法人税、住民税及び事業税

解答&解説

仕訳　記号（A～X）も必ず記入のこと

No.	借方 記号	借方 勘定科目	借方 金額	貸方 記号	貸方 勘定科目	貸方 金額
(例)	B	当座預金	100000	A	現金	100000
(1)	L	資本金	12000000	M	その他資本剰余金	12000000
(2)	K	未払法人税等	2300000	A	現金	2300000
(3)	G	機械装置	1600000	G	機械装置	1500000
				B	当座預金	100000
(4)	A	現金	520000	U	償却債権取立益	520000
(5)	D	完成工事未収入金	10640000	Q	完成工事高	10640000

(1)　減資とは，資本金を減少させるための手続きであり，株主総会の決議に基づき行われる（会社法第447条)。減資の目的は，欠損金の填補や事業の縮小などであり，減少させた資本金は「その他資本剰余金」勘定に振り替えられる。

(2)　確定した法人税等の額が¥3,800,000であり，これに備えて期中に¥1,500,000の中間納付（仮払い）をしているため，決算において未払法人税等¥2,300,000を計上していることが判明する。

(3) 資産を交換した場合には，交換に供された自己所有の資産の簿価をもって，取得した資産の取得価額とする。本問においてはクレーン¥1,500,000と交換差金¥100,000を引き渡しているため，新たな資産の取得価額は¥1,600,000となる。

(4) 前期において貸倒処理が完了しているため，帳簿上には完成工事未収入金が存在していない。このため，回収した債権の金額については「償却債権取立益」勘定で処理する。

(5) 前期に計上された完成工事高は，次のとおりである。

$$28,000,000 \times \frac{1,666,000}{23,800,000} = 1,960,000$$

当期の完成工事高は，次のとおり計算される。

$$28,000,000 \times \frac{1,666,000 + 9,548,000}{24,920,000} - 1,960,000 = 10,640,000$$

問題

〔第２問〕 次の ［　　］ に入る正しい金額を計算しなさい。 (12点)

(1) 当月の賃金支給総額は¥31,530,000であり、所得税¥1,600,000、社会保険料¥4,215,000を控除して現金にて支給される。前月末の未払賃金残高が¥9,356,000で、当月の労務費が¥32,210,000であったとすれば、当月末の未払賃金残高は¥ ［　　］ である。

(2) 期末にX銀行の当座預金の残高証明書を入手したところ、¥1,280,000であり、当社の勘定残高とは¥ ［　　］ の差異が生じていた。そこで、差異分析を行ったところ、次の事実が判明した。

① 決算日に現金¥5,000を預け入れたが、銀行の閉店後であったため、翌日の入金として取り扱われていた。
② 備品購入代金の決済のため振り出した小切手¥15,000が、相手先に未渡しであった。
③ 借入金の利息¥2,000が引き落とされていたが、その通知が当社に未達であった。
④ 材料の仕入先に対して振り出していた小切手¥18,000がまだ銀行に呈示されていなかった。

(3) 工事用機械（取得価額¥12,500,000、残存価額ゼロ、耐用年数８年）を20×1年期首に取得し定額法で償却してきたが、20×5年期末において¥5,000,000で売却した。このときの固定資産売却損益は¥ ［　　］ である。

(4) 前期に倉庫（取得価額¥3,500,000、減価償却累計額¥2,500,000）を焼失した。同倉庫には火災保険が付してあり、査定中となっていたが、当期に保険会社から正式な査定を受け、現金¥ ［　　］ を受け取ったため、保険差益¥200,000を計上した。

解答＆解説

(1) ¥ 10036000

(2) ¥ 26000

(3) ¥ 312500

(4) ¥ 1200000

⑴　原価計算期間と賃金支払期間

原価計算期間は，通常月初から月末までの１か月を単位としている。一方，賃金の支払期間は振込等の事務手続きのため『15日締めの25日払い』などと設定されている場合が多い。本問における原価計算期間と賃金支払期間の関係は，以下のとおりである。

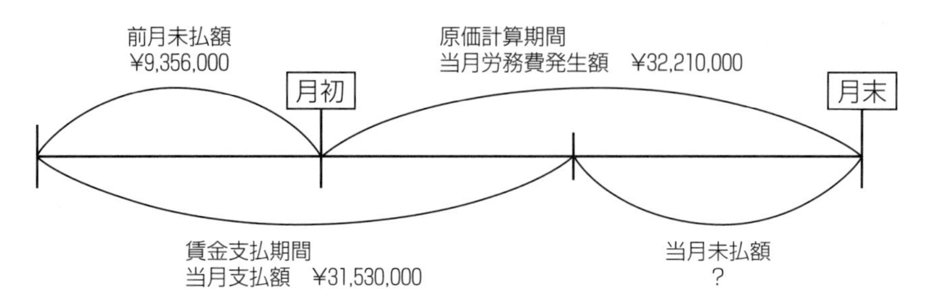

上記より，当月賃金未払額は¥10,036,000となる。

⑵　銀行勘定調整表

企業の帳簿上の「当座預金」勘定の残高と銀行の実際の残高は，一致しない場合が多い。その原因は，小切手を受け取った相手先が銀行に取立依頼をしていないこと（未取付小切手），小切手を作成して仕訳を完了したものの，その小切手を未だ相手先に引き渡していないこと（未渡小切手），自動振込・自動引落しされた金額を帳簿記入していないことなどが考えられる。この場合には，銀行勘定調整表を作成し，あるべき残高を確認しておくことが必要である。

銀行勘定調整表

	帳簿残高		銀行残高
修正前の残高	x		1,280,000
①　時間外の預入れ			5,000
②　未渡小切手	15,000		
③　自動引き落とし	−2,000		
④　未取付小切手			−18,000
修正後の残高	1,267,000	← **一致する** →	1,267,000

よって，修正前の帳簿残高は¥1,254,000であり，帳簿残高と銀行の預金残高との差異は¥26,000となる。

(3) 固定資産売却損益

売却した機械は，20×1年期首に取得しているため，売却時（20×5年期末）までに5年分の減価償却を実施している。よって，機械の売却損益は次のとおりとなる。

年間の減価償却費　$\frac{12,500,000-0}{8}=1,562,500$

売却時の簿価　12, 500, 000－1, 562, 500× 5 ＝4, 687, 500

売却損益　5, 000, 000－4, 687, 500＝312, 500（売却益）

(4) 保険差益

事故等の発生に備えて，資産に保険を付すことが多い。実際の事故等が発生した場合に，保険金を受領することとなるが，この際に差益または差損が発生することがある。

本問では，焼失した倉庫の簿価は￥1, 000, 000（＝3, 500, 000－2, 500, 000）であり，これに対する保険金の受領により，￥200, 000の差益が生じている。このため，受領した保険金額は￥1, 200, 000であることが判明する。

〔第3問〕 現場技術者に対する従業員給料手当（工事間接費）に関する次の<資料>に基づいて、下記の問に解答しなさい。（14点）

<資料>

(1)	当会計期間の従業員給料手当予算額		￥78,660,000
(2)	当会計期間の現場管理延べ予定作業時間		34,200時間
(3)	当月の工事現場管理実際作業時間	No.101工事	350時間
		No.201工事	240時間
		その他の工事	2,100時間
(4)	当月の従業員給料手当実際発生額	総額	￥6,200,000

問1　当会計期間の予定配賦率を計算しなさい。なお、計算過程において端数が生じた場合は、円未満を四捨五入すること。

問2　当月のNo.201工事への予定配賦額を計算しなさい。

問3　当月の配賦差異を計算しなさい。なお、配賦差異については、借方差異の場合は「A」、貸方差異の場合は「B」を解答用紙の所定の欄に記入しなさい。

解答&解説

問1　¥ 2300

問2　¥ 552000

問3　¥ 13000　　記号（AまたはB）A

問1

$\frac{78,660,000}{34,200} = 2,300$

問2

2, 300×240＝552, 000

問3

予定配賦額　2, 300×（350＋240＋2, 100）＝6, 187, 000

工事間接費

実際発生額	6, 200, 000	予定配賦額	6, 187, 000
		工事間接費配賦差異	13, 000

工事間接費配賦差異

工事間接費	13, 000		

→ 借方残高

問題

〔第４問〕　以下の問に解答しなさい。　(24点)

問１　以下の文章の［　　］に入れるべき最も適当な用語を下記の<用語群>の中から選び、記号（A～G）で解答しなさい。

部門共通費の配賦基準は、その性質によって、［ 1 ］配賦基準（動力使用量など）、［ 2 ］配賦基準（作業時間など）、［ 3 ］配賦基準（建物専有面積など）に分類することができる。また、その単一性によって、単一配賦基準、複合配賦基準に分類することができ、複合配賦基準の具体的な例としては、［ 4 ］などがある。

<用語群>

A　規模　　B　運搬回数　　C　サービス量　　D　重量×運搬回数　　E　費目一括　　F　従業員数　　G　活動量

問２　20×2年９月の工事原価に関する次の<資料>に基づいて、当月（９月）の完成工事原価報告書を完成しなさい。また、工事間接費配賦差異勘定の月末残高を計算しなさい。なお、その残高が借方の場合は「A」、貸方の場合は「B」を解答用紙の所定の欄に記入しなさい。

<資料>

1．当月の工事状況（収益の認識は工事完成基準による）

工事番号	No.701	No.801	No.901	No.902
着工	7月	8月	9月	9月
竣工	9月	9月	9月	12月（予定）

2．前月から繰り越した工事原価に関する各勘定残高

⑴　未成工事支出金　（単位：円）

工事番号	No.701	No.801
材料費	218,000	171,000
労務費	482,000	591,000
外注費	790,000	621,000
経費	192,000	132,000
合計	1,682,000	1,515,000

⑵　工事間接費配賦差異　　甲部門　¥5,600　（借方残高）　　乙部門　¥2,300　（貸方残高）

（注）工事間接費配賦差異は月次においては繰り越すこととしている。

3．当月における材料の棚卸・受払に関するデータ（材料消費単価の決定方法は先入先出法による）

日付	摘要	数量（Kg）	単価（円）
9月 1日	前月繰越	800	220
9月 2日	No.801 工事に払出	400	
9月 5日	X建材より仕入	1,600	250
9月 9日	No.901 工事に払出	1,200	
9月15日	No.701 工事に払出	600	
9月22日	Y建材より仕入	1,200	180
9月26日	No.901 工事に払出	400	
9月27日	No.902 工事に払出	500	

4．当月に発生した工事直接費　（単位：円）

工事番号	No.701	No.801	No.901	No.902
材 料 費	（各自計算）	（各自計算）	（各自計算）	（各自計算）
労 務 費	450,000	513,000	819,000	621,000
外 注 費	1,120,000	2,321,000	1,523,000	820,000
直接経費	290,000	385,000	302,000	212,000

5．当月の甲部門および乙部門において発生した工事間接費の配賦（予定配賦法）

(1) 甲部門の配賦基準は直接材料費基準であり、当会計期間の予定配賦率は3％である。

(2) 乙部門の配賦基準は直接作業時間基準であり、当会計期間の予定配賦率は1時間当たり￥2,200である。

当月の工事別直接作業時間　（単位：時間）

工事番号	No.701	No.801	No.901	No.902
作業時間	15	32	124	29

(3) 工事間接費の当月実際発生額　甲部門　￥20,000　乙部門　￥441,000

(4) 工事間接費は経費として処理している。

解答＆解説

問1

記号（A～G）

1	2	3	4
C	G	A	D

問2

完成工事原価報告書

自　20×2年9月1日
至　20×2年9月30日　（単位：円）

Ⅰ．材料費	1001000
Ⅱ．労務費	2855000
Ⅲ．外注費	6375000
Ⅳ．経　費	1695560
完成工事原価	11926560

工事間接費配賦差異月末残高　3240 円　記号（AまたはB）　A

問1

「原価部門」とは，“原価の発生を機能別，責任区分別に管理するとともに，製品原価の計算を正確にするために，原価要素を分類集計する計算組織上の区分”である。

費目別計算において把握された原価要素を原価部門別に分類集計する手続きを，部門別計算という。分類集計するに当たり，当該部門において発生したことが直接的に認識されるかどうかにより，部門個別費と部門共通費とに分類する。

部門共通費は，適当な配賦基準により各部門に配賦していく。

問2

・当月材料費（先入先出法）

月日	受入			払出			残高		
	数量	単価	金額	数量	単価	金額	数量	単価	金額
1	800	220	176,000				800	220	176,000
2				400	220	88,000	400	220	88,000
5	1,600	250	400,000				400 1,600	220 250	88,000 400,000
9				400 800	220 250	88,000 200,000	800	250	200,000
15				600	250	150,000	200	250	50,000
22	1,200	180	216,000				200 1,200	250 180	50,000 216,000
26				200 200	250 180	50,000 36,000	1,000	180	180,000
27				500	180	90,000	500	180	90,000

No.701　￥150,000（15日）

No.801　￥ 88,000（2日）

No.901　￥88,000＋￥200,000＋￥50,000＋￥36,000＝￥374,000（9日，26日）

No.902　￥ 90,000（27日）

・当月甲部門費

No.701　¥ 150, 000× 3 % = ¥　4, 500
No.801　¥　88, 000× 3 % = ¥　2, 640
No.901　¥ 374, 000× 3 % = ¥ 11, 220
No.902　¥　90, 000× 3 % = ¥　2, 700
　計　　　　　　　　　　¥ 21, 060

・当月乙部門費

No.701　15× ¥2, 200 = ¥　33, 000
No.801　32× ¥2, 200 = ¥　70, 400
No.901　124× ¥2, 200 = ¥ 272, 800
No.902　29× ¥2, 200 = ¥　63, 800
　計　　　　　　　　¥ 440, 000

・当月完成工事原価（No.701, No.801, No.901）

材料費　218, 000 + 171, 000 + 150, 000 + 88, 000 + 374, 000 = ¥1, 001, 000
労務費　482, 000 + 591, 000 + 450, 000 + 513, 000 + 819, 000 = ¥2, 855, 000
外注費　790, 000 + 621, 000 + 1, 120, 000 + 2, 321, 000 + 1, 523, 000 = ¥6, 375, 000
経　費　192, 000 + 132, 000 + 290, 000 + 385, 000 + 302, 000 + 4, 500 + 2, 640 + 11, 220
　　　　+ 33, 000 + 70, 400 + 272, 800 = ¥1, 695, 560
計　　　¥11, 926, 560

・工事間接費配賦差異

甲部門費

借方		貸方	
実際発生額	20, 000	予定配賦額	21, 060
甲部門費配賦差異	1, 060		

甲部門費配賦差異

借方		貸方	
前月繰越	5, 600	甲部門費	1, 060

→ 借方残高　4, 540

乙部門費

借方		貸方	
実際発生額	441, 000	予定配賦額	440, 000
		乙部門費配賦差異	1, 000

乙部門費配賦差異

乙部門費	1,000	前月繰越	2,300

→　貸方残高　1,300

工事間接費配賦差異総額　¥3,240（借方残高）

問題

〔第５問〕　次の<決算整理事項等>に基づき、解答用紙の精算表を完成しなさい。なお、工事原価は未成工事支出金を経由して処理する方法によっている。会計期間は１年である。また、決算整理の過程で新たに生じる勘定科目で、精算表上に指定されている科目はそこに記入すること。なお、計算過程において端数が生じた場合には円未満を切り捨てること。

（30点）

<決算整理事項等>

(1)　期末における現金帳簿残高は¥23,500であるが、実際の手元有高は¥22,800であった。原因は不明である。

(2)　仮設材料費の把握はすくい出し方式を採用しているが、現場から撤去されて倉庫に戻された評価額¥1,200について未処理である。

(3)　仮払金の期末残高は、以下の内容であることが判明した。
　①　¥900は借入金利息の３か月分であり、うち１か月は前払いである。
　②　¥31,700は法人税等の中間納付額である。

(4)　減価償却については、以下のとおりである。なお、当期中の固定資産の増減取引は③のみである。
　①　機械装置（工事現場用）　　実際発生額　¥45,000
　　なお、月次原価計算において、月額¥3,500を未成工事支出金に予定計上している。当期の予定計上額と実際発生額との差額は当期の工事原価（未成工事支出金）に加減する。

　②　備品（本社用）　　以下の事項により減価償却費を計上する。
　　取得原価　¥60,000　　残存価額　ゼロ　　耐用年数　３年　　減価償却方法　定額法

　③　建設仮勘定　　適切な科目に振替えた上で、以下の事項により減価償却費を計上する。
　　当期首に完成した本社事務所
　　取得原価　¥48,000　　残存価額　ゼロ　　耐用年数　24年　　減価償却方法　定額法

(5)　仮受金の期末残高¥12,000は、前期に完成した工事の未収代金回収分であることが判明した。

(6)　売上債権の期末残高に対して1.2％の貸倒引当金を計上する（差額補充法）。

(7)　完成工事高に対して0.2％の完成工事補償引当金を計上する（差額補充法）。

(8)　賞与引当金の当期繰入額は本社事務員について¥5,000、現場作業員について¥13,500である。

(9)　退職給付引当金の当期繰入額は本社事務員について¥3,200、現場作業員について¥9,300である。

(10)　上記の各調整を行った後の未成工事支出金の次期繰越額は¥112,300である。

(11)　当期の法人税、住民税及び事業税として税引前当期純利益の30％を計上する。

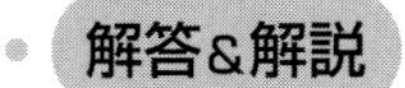

〔第5問〕

精　算　表

（単位：円）

勘定科目	残高試算表 借方	残高試算表 貸方	整理記入 借方	整理記入 貸方	損益計算書 借方	損益計算書 貸方	貸借対照表 借方	貸借対照表 貸方
現金	23500			(1) 700			22800	
当座預金	152900						152900	
受取手形	255000						255000	
完成工事未収入金	457000			(5) 12000			445000	
貸倒引当金		8000		(6) 400				8400
未成工事支出金	151900		(4)① 3000 (7) 166 (8) 13500 (9) 9300	(2) 1200 (10) 64366			112300	
材料貯蔵品	3300		(2) 1200				4500	
仮払金	32600			(3)① 900 (11) 31700				
機械装置	250000						250000	
機械装置減価償却累計額		150000		(4)① 3000				153000
備品	60000						60000	
備品減価償却累計額		20000		(4)② 20000				40000
建設仮勘定	48000			(4)③ 48000				
支払手形		32500						32500
工事未払金		95000						95000
借入金		196000						196000
未払金		48100						48100
未成工事受入金		233000						233000
仮受金		12000	(5) 12000					
完成工事補償引当金		19000		(7) 166				19166
退職給付引当金		187000		(9) 12500				199500
資本金		100000						100000
繰越利益剰余金		117320						117320
完成工事高		9583000				9583000		
完成工事原価	7566000		(10) 64366		7630366			
販売費及び一般管理費	1782000				1782000			
受取利息配当金		17280				17280		
支払利息	36000		(3)① 600		36600			
	10818200	10818200						
雑損失			(1) 700		700			
前払費用			(3)① 300				300	
備品減価償却費			(4)② 20000		20000			
建物			(4)③ 48000				48000	
建物減価償却費			(4)③ 2000		2000			
建物減価償却累計額				(4)③ 2000				2000
貸倒引当金繰入額			(6) 400		400			
賞与引当金繰入額			(8) 5000		5000			
賞与引当金				(8) 18500				18500
退職給付引当金繰入額			(9) 3200		3200			
未払法人税等				(11) 4304				4304
法人税、住民税及び事業税			(11) 36004		36004			
			219736	219736	9516270	9600280	1350800	1266790
当期（純利益）					84010			84010
					9600280	9600280	1350800	1350800

決算整理仕訳

⑴　（借）雑損失　700　（貸）現金　700

※　原因が不明なため，「雑損失」勘定に振り替える。

⑵　（借）材料貯蔵品　1,200　（貸）未成工事支出金　1,200

⑶①　（借）支払利息　600　（貸）仮払金　900

前払費用　300

※　$900 \times \frac{1}{3} = 300$

②　法人税等の中間納付額については，⑾で処理する。

⑷①　（借）未成工事支出金　3,000　（貸）機械装置減価償却累計額　3,000

※　実際発生額45,000－予定計上額3,500×12月＝3,000（配賦不足）

②　（借）備品減価償却費　20,000　（貸）備品減価償却累計額　20,000

※　$\frac{60,000 - 0}{3} = 20,000$

③　（借）建物　48,000　（貸）建設仮勘定　48,000

（借）建物減価償却費　2,000　（貸）建物減価償却累計額　2,000

※　$\frac{48,000 - 0}{24} = 2,000$

⑸　（借）仮受金　12,000　（貸）完成工事未収入金　12,000

⑹　（借）貸倒引当金繰入額　400　（貸）貸倒引当金　400

※　(255,000＋457,000－12,000)×1.2％－8,000＝400

⑺　（借）未成工事支出金　166　（貸）完成工事補償引当金　166

※　9,583,000×0.2％－19,000＝166

⑻　（借）賞与引当金繰入額　5,000　（貸）賞与引当金　18,500

未成工事支出金　13,500

⑼　（借）退職給付引当金繰入額　3,200　（貸）退職給付引当金　12,500
　　　　　未成工事支出金　9,300

⑽　（借）完成工事原価　64,366　（貸）未成工事支出金　64,366

※　151,900（決算整理前残高）－1,200⑵＋3,000⑷①＋166⑺＋13,500⑻＋9,300⑼－Ｘ（完成工事原価勘定への振替額）＝112,300（次期繰越額）

Ｘ＝64,366

⑾　（借）法人税，住民税及び事業税　36,004　（貸）仮払金　31,700
　　　　　　　　　　　　　　　　　　　　　　　　未払法人税等　4,304

※　収益合計：完成工事高（9,583,000）＋受取利息配当金（17,280）＝9,600,280

費用合計：完成工事原価（7,566,000＋64,366）
＋販売費及び一般管理費（1,782,000）＋支払利息（36,000＋600）
＋雑損失（700）＋備品減価償却費（20,000）
＋建物減価償却費（2,000）＋貸倒引当金繰入額（400）
＋賞与引当金繰入額（5,000）＋退職給付引当金繰入額（3,200）
＝9,480,266

税引前当期純利益：9,600,280－9,480,266＝120,014

法人税等＝120,014×30％＝36,004（円未満切り捨て）

第31回

問題

〔第１問〕 次の各取引について仕訳を示しなさい。使用する勘定科目は下記の＜勘定科目群＞から選び、その記号（A～X）と勘定科目を書くこと。なお、解答は次に掲げた（例）に対する解答例にならって記入しなさい。 （20点）

（例） 現金¥100,000を当座預金に預け入れた。

⑴ 社債（額面¥10,000,000）を¥100につき¥98で買い入れ、端数利息¥50,000とともに小切手を振り出して支払った。

⑵ 本社建物の補修工事を行い、その代金¥1,850,000は約束手形を振り出して支払った。この代金のうち¥500,000は改良のための支出と認められ、残りは原状回復のための支出であった。

⑶ 取締役会の決議により、資本準備金¥5,000,000を資本金に組み入れ、株式1,000株を株主に無償交付した。

⑷ 甲工事（工期は５年、請負金額¥550,000,000、総工事原価見積額¥473,000,000）は、前期より着工し、工事進行基準を適用している。当期末において、実行予算の見直しを行い、追加の工事原価見積額¥5,000,000を認識した。前期の工事原価発生額¥70,950,000、当期の工事原価発生額¥72,450,000であった。当期の完成工事高に関する仕訳を示しなさい。

⑸ 過年度において顧客に引き渡した建物について、保証に基づき当期に補修工事を行った。当該補修工事に係る支出額¥260,000は小切手で支払った。なお、前期決算において¥580,000を引当計上している。

＜勘定科目群＞

A 現金	B 当座預金	C 受取手形	D 完成工事未収入金
E 建物	F 建設仮勘定	G 投資有価証券	H 営業外支払手形
J 工事未払金	K 社債	L 修繕引当金	M 完成工事補償引当金
N 資本金	Q 資本準備金	R 完成工事高	S 完成工事原価
T 完成工事補償引当金繰入額	U 社債利息	W 有価証券利息	X 修繕費

解答&解説

仕訳　記号（A～X）も必ず記入のこと

No.	借方			貸方		
	記号	勘定科目	金額	記号	勘定科目	金額
(例)	B	当座預金	100000	A	現金	100000
(1)	G	投資有価証券	9800000	B	当座預金	9850000
	W	有価証券利息	50000			
(2)	E	建物	500000	H	営業外支払手形	1850000
	X	修繕費	1350000			
(3)	Q	資本準備金	5000000	N	資本金	5000000
(4)	D	完成工事未収入金	82500000	R	完成工事高	82500000
(5)	M	完成工事補償引当金	260000	B	当座預金	260000

(1)　社債を購入する場合，購入代金に加えて，直前の利払日から売買日までの期間に対応する利息を支払う必要がある。言い換えると，新たな所有者は，それまでの所有者に対し，社債の発行者に代わって利息を立て替えて支払うこととなる。これにより，次の利払日までの間は収益である「有価証券利息」勘定は一時的に借方残高となるが，次の利払日に利息を受け取ることにより，貸方残高となる。

⑵　固定資産の修理，改良等のための支出には，資本的支出と収益的支出とがある。資本的支出は，固定資産の価値を高めることとなる支出や，固定資産の耐久性を増すこととなる支出であり，具体的な資産の勘定で処理される。これに対し，固定資産の通常の維持管理のための支出や，毀損した固定資産の原状を回復するための支出が収益的支出であり，「修繕費」など費用の勘定で処理される。

　また，固定資産の補修に際して振り出した約束手形は，通常の営業取引以外から発生した債務であるので，「営業外支払手形」勘定で処理される。

⑶　資本準備金や利益準備金は資本金に組み入れることができ（会社法第448条第1項），この方法による増資を「無償増資」という。本問では資本準備金を資本金に組み入れたため，「資本準備金」勘定を減額し，「資本金」勘定を増額させる。

　無償増資を行った場合に，必ずしも新株を発行する必要はない。新株を発行した場合には「株式の分割」に該当する（会社法第183条）。

　なお，無償増資を実行するためには，原則として株主総会の決議が必要となるが，特定の条件のもとでは取締役会の決議で行うことができる（会社法第448条第3項）。

⑷　前期に計上された完成工事高は，次のとおりである。

$$550,000,000 \times \frac{70,950,000}{473,000,000} = 82,500,000$$

　当期の完成工事高は，次のとおり計算される。

$$550,000,000 \times \frac{70,950,000 + 72,450,000}{473,000,000 + 5,000,000} - 82,500,000 = 82,500,000$$

⑸　工事引渡後の一定期間内に，目的物の欠陥につき無償で補償することを契約で締結している場合には，会計上の引当金の設定要件に該当するため，「完成工事補償引当金」が設定される。

　実際に補償を行ったときには，この引当金を取り崩していく。

問題

〔第2問〕　次の ＿＿＿ に入る正しい金額を計算しなさい。　（12点）

⑴　自己所有の工事用機械（取得価額￥5,200,000、減価償却累計額￥2,800,000）と交換に他社の中古の工事用機械を取得し、交換差金￥300,000は小切手を振り出して支払った。当該中古工事用機械の取得原価は￥ ＿＿＿ である。

⑵　社債￥20,000,000を額面￥100につき￥99.8で買入償還し、端数利息￥50,000とともに現金で支払った。このとき、社債償還益は￥ ＿＿＿ である。

(3) 本店の大阪支店勘定残高は¥2,900（借方）、大阪支店の本店勘定残高は¥2,360（貸方）である。決算にあたり、以下の未達事項を整理した結果、本店の大阪支店勘定の残高と大阪支店の本店勘定の残高はそれぞれ¥ [　　　] となり一致した。

① 本店は、大阪支店の得意先の完成工事未収入金¥450を回収したが、その連絡は大阪支店に未達である。
② 大阪支店から本店に送金した¥250は未達である。
③ 本店は、大阪支店の負担すべき旅費¥210および交際費¥180を立替払いしたが、その連絡が大阪支店に未達である。
④ 本店から大阪支店に発送した材料¥350は未達である。

(4) 消費税の会計処理については税抜方式を採用している。期末における仮払消費税¥ [　　　] および仮受消費税¥352,000であるとき、未払消費税は¥86,000である。

解答&解説

(1) ¥ 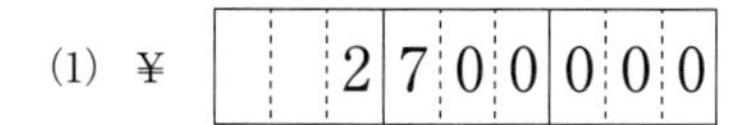
2700000

(2) ¥ 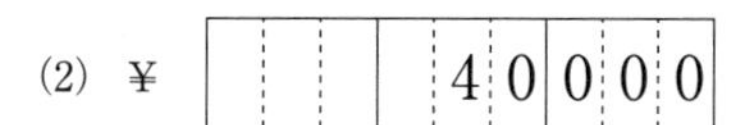
40000

(3) ¥ 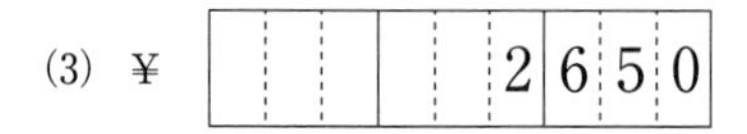
2650

(4) ¥ 266000

(1) 資産の交換

自己所有の資産と他者所有の資産を交換した場合には，交換に供された自己資産の簿価をもって，取得した資産の取得原価とする。

機械¥2,400,000（＝¥5,200,000－¥2,800,000）＋交換差金¥300,000＝¥2,700,000

(2) 社債の償還

社債の償還に要した金額は，¥19,960,000（＝¥20,000,000×$\frac{99.8}{100}$）であり，この金額と社債の帳簿価額との差額が償還損益となる。本問では，帳簿価額が明示されていないので，額面で発行されたと考えられ，社債償還益は¥40,000（＝¥20,000,000－¥19,960,000）となる。

なお，端数利息は「社債利息」勘定で処理される費用であるため，償還損益の算定にあたって考慮してはならない。

(3) 本支店会計

未達事項を処理する前の本店の「大阪支店」勘定と大阪支店の「本店」勘定は，次のとおりとなる。

大阪支店	
2,900	

本店	
	2,360

未達事項の仕訳は，以下のとおり。

①	大阪支店	（借方）	本店	450	（貸方）	完成工事未収入金	450
②	本店	（借方）	現金	250	（貸方）	大阪支店	250
③	大阪支店	（借方）	旅費	210	（貸方）	本店	390
			交際費	180			
④	大阪支店	（借方）	材料	350	（貸方）	本店	350

上記の未達事項を処理すると，本店の「大阪支店」勘定と大阪支店の「本店」勘定は￥2,650で一致する。

⑷ 消費税

仮受消費税と仮払消費税を比較し，仮受消費税が多ければこれと仮払消費税との差額が，納付すべき消費税額となり，仮払消費税が多ければこれと仮受消費税との差額が，還付される消費税額となる。本問は，未払消費税つまり納付すべき消費税額があるため，仮払消費税よりも仮受消費税が多いことがわかる。

352,000 − x ＝ 86,000

x ＝266,000

〔第３問〕 次の<資料>に基づき、当社の９月の原価計算期間における、Ａ材料の材料費を計算しなさい。なお、単価の決定方法については、解答用紙に指定した各方法によること。 (14点)

<資料>

９月Ａ材料受払データ

		数量（kg）	単価（円）
9月 1日	前月繰越	200	140
5日	甲建材より仕入	800	190
9日	No.101 工事へ払出	400	
12日	乙建材より仕入	400	180
14日	No.102 工事へ払出	300	
16日	No.101 工事へ払出	300	
18日	甲建材より仕入	600	150
20日	No.102 工事へ払出	500	
24日	No.103 工事へ払出	100	
28日	No.101 工事へ払出	150	

解答&解説

(1) 先入先出法を用いた場合の材料費　¥ 304500

(2) 移動平均法を用いた場合の材料費　¥ 301500

(3) 総平均法を用いた場合の材料費　¥ 299250

購入単価が異なる同種の材料を取得した場合には，その払出しにあたって用いるべき単価を決定する必要がある。この方法として，先入先出法，移動平均法，総平均法などがある。

先入先出法は，先に購入した材料から順に払い出すと考え，払出し単価を決定する方法である。

移動平均法は，購入・消費の度に在庫している材料の平均単価を求め，それを払出し単価とする方法である。

総平均法は，一定期間の購入に関する平均単価を求め，それを一定期間の払出し単価とする方法である。

・先入先出法

月日	受入			払出			残高		
	数量	単価	金額	数量	単価	金額	数量	単価	金額
1	200	140	28,000				200	140	28,000
5	800	190	152,000				200 800	140 190	28,000 152,000
9				200 200	140 190	28,000 38,000	600	190	114,000
12	400	180	72,000				600 400	190 180	114,000 72,000
14				300	190	57,000	300 400	190 180	57,000 72,000
16				300	190	57,000	400	180	72,000
18	600	150	90,000				400 600	180 150	72,000 90,000
20				400 100	180 150	72,000 15,000	500	150	75,000
24				100	150	15,000	400	150	60,000
28				150	150	22,500	250	150	37,500
計				1,750	—	304,500			

・移動平均法

月日	受入			払出			残高		
	数量	単価	金額	数量	単価	金額	数量	単価	金額
1	200	140	28,000				200	140	28,000
5	800	190	152,000				1,000	180	180,000
9				400	180	72,000	600	180	108,000
12	400	180	72,000				1,000	180	180,000
14				300	180	54,000	700	180	126,000
16				300	180	54,000	400	180	72,000
18	600	150	90,000				1,000	162	162,000
20				500	162	81,000	500	162	81,000
24				100	162	16,200	400	162	64,800
28				150	162	24,300	250	162	40,500
計				1,750	—	301,500			

・総平均法

月日	受入			払出			残高		
	数量	単価	金額	数量	単価	金額	数量	単価	金額
1	200	140	28,000				200	171	34,200
5	800	190	152,000				1,000	171	171,000
9				400	171	68,400	600	171	102,600
12	400	180	72,000				1,000	171	171,000
14				300	171	51,300	700	171	119,700
16				300	171	51,300	400	171	68,400
18	600	150	90,000				1,000	171	171,000
20				500	171	85,500	500	171	85,500
24				100	171	17,100	400	171	68,400
28				150	171	25,650	250	171	42,750
平均	**2,000**	**171**	**342,000**						
計				1,750	171	299,250			

問題

〔第４問〕　以下の設問に解答しなさい。　(24点)

問１　我が国の『原価計算基準』では、原価は次の４つの本質を有するものとしている。次の文章の［　　］に入れるべき最も適当な用語を下記の<用語群>の中から選び、記号（Ａ～Ｈ）で解答しなさい。

1．原価は、［ア］の消費である。
2．原価は、［イ］において作り出された一定の［ウ］に転嫁される価値である。
3．原価は、［イ］目的に関連したものである。
4．原価は、［エ］である。原則として偶発的、臨時的な価値の喪失を含めるべきではない。

<用語群>

Ａ　生産	Ｂ　経営	Ｃ　財務	Ｄ　給付
Ｅ　市場価値	Ｆ　経済価値	Ｇ　標準的なもの	Ｈ　正常的なもの

問２　次の<資料>に基づき、解答用紙の工事別原価計算表を完成しなさい。また、工事間接費配賦差異の月末残高を計算しなさい。なお、その残高が借方の場合は「Ａ」、貸方の場合は「Ｂ」を、解答用紙の所定の欄に記入しなさい。

<資料>

1．当月は、No.301とNo.302の前月繰越工事および当月より着手したNo.401とNo.402の工事を施工し、月末にはNo.302とNo.401の工事が完成した。いずれも工事完成基準により収益を認識している。

2．前月から繰り越した工事原価に関する各勘定の前月繰越高は、次のとおりである。

⑴　未成工事支出金　(単位：円)

工事番号	No.301	No.302
材料費	203,000	580,000
労務費	182,000	324,000
外注費	650,000	910,000
経　費	121,000	192,000

⑵　工事間接費配賦差異　¥2,500（借方残高）
　（注）工事間接費配賦差異は月次においては繰り越すこととしている。

3．労務費に関するデータ

⑴　労務費計算は予定賃率を用いており、当会計期間の予定賃率は１時間当たり¥1,500である。
⑵　当月の直接作業時間
　No.301　126時間　　No.302　205時間　　No.401　295時間　　No.402　316時間

4．当月に発生した工事直接費　(単位：円)

工事番号	No.301	No.302	No.401	No.402
材料費	414,000	539,000	491,000	562,000
労務費	(資料により各自計算)			
外注費	670,000	873,000	1,296,000	972,000
直接経費	127,000	230,500	170,500	242,000

5．工事間接費の配賦方法と実際発生額

⑴　工事間接費については直接原価基準による予定配賦法を採用している。
⑵　当会計期間の直接原価の総発生見込額は¥81,500,000である。
⑶　当会計期間の工事間接費予算額は¥3,260,000である。
⑷　工事間接費の当月実際発生額は¥323,000である。
⑸　工事間接費はすべて経費である。

解答&解説

問1　記号（A～H）

ア	イ	ウ	エ
F	B	D	H

問2

工事別原価計算表

（単位：円）

摘要	No.301	No.302	No.401	No.402	計
月初未成工事原価	1156000	2006000	――	――	3162000
当月発生工事原価					
材料費	414000	539000	491000	562000	2006000
労務費	189000	307500	442500	474000	1413000
外注費	670000	873000	1296000	972000	3811000
直接経費	127000	230500	170500	242000	770000
工事間接費	56000	78000	96000	90000	320000
当月完成工事原価	――	4034000	2496000	――	6530000
月末未成工事原価	2612000	――	――	2340000	4952000

工事間接費配賦差異月末残高　¥ 5500　記号（AまたはB） A

問1

『原価計算基準』においては，「原価」を“経営における一定の給付に関わらせて把握された財貨または用役の消費を貨幣価値的に表したもの”と定義している。

また，原価の本質として以下の4つを掲げている。

ア．原価は，経済価値の消費である。

イ．原価は，経営において作り出された一定の給付に転嫁される価値であり，その給付に関わらせて把握されたものである。

ウ．原価は，経営目的に関連したものである。

エ．原価は，正常的なものである。

問2

・労務費

予定賃率が@¥1,500であるため，以下のとおり計算する。

No.301　126×¥1,500＝¥189,000

No.302　205×¥1,500＝¥307,500

No.401　295×¥1,500＝¥442,500

No.402　316×¥1,500＝¥474,000

計　¥1,413,000

・工事間接費

予定配賦率は，@¥0.04（$=\frac{3,260,000}{81,500,000}$）であるため，以下のとおり計算する。

No.301　(414,000＋189,000＋670,000＋127,000)×¥0.04　＝¥56,000

No.302　(539,000＋307,500＋873,000＋230,500)×¥0.04　＝¥78,000

No.401　(491,000＋442,500＋1,296,000＋170,500)×¥0.04＝¥96,000

No.402　(562,000＋474,000＋972,000＋242,000)×¥0.04　＝¥90,000

計　¥320,000

・工事間接費配賦差異

工事間接費

借方		貸方	
実際発生額	323,000	予定配賦額	320,000
		工事間接費配賦差異	3,000

工事間接費配賦差異

借方		貸方	
前月繰越	2,500		
工事間接費	3,000		

→借方残高　5,500

問題

〔第５問〕　次の<決算整理事項等>に基づき、解答用紙の精算表を完成しなさい。なお、工事原価は未成工事支出金を経由して処理する方法によっている。会計期間は１年である。また、決算整理の過程で新たに生じる勘定科目で、精算表上に指定されている科目はそこに記入すること。　(30点)

<決算整理事項等>

(1) 当座預金の期末残高証明書を入手したところ、期末帳簿残高と差異があった。差額原因を調査したところ以下の内容であった。
　① 決算日に現金¥8,500を預け入れたが、銀行の閉店後であったため、翌日入金として扱われた。
　② 消耗品購入代金の決済のために振り出した小切手¥13,500が相手先に未渡しであった。
　③ 借入金の利息¥1,200が当座預金から引き落とされていたが、その通知が当社に未達であった。

(2) 材料貯蔵品の期末実地棚卸により判明した棚卸減耗¥800を工事原価に算入する。

(3) 仮払金の期末残高は、以下の内容であることが判明した。
　① ¥5,000は管理部門従業員の出張旅費の仮払いである。なお、実費との差額¥1,200は現金で返金を受けた。
　② ¥27,900は法人税等の中間納付額である。

(4) 減価償却については、以下のとおりである。なお、当期中に固定資産の増減取引は発生していない。
　① 機械装置（工事現場用）　実際発生額　¥28,000
　　なお、月次原価計算において、月額¥2,500を未成工事支出金に予定計上している。当期の予定計上額と実際発生額との差額は当期の工事原価（未成工事支出金）に加減する。
　② 備品（本社用）
　　取得原価 ¥60,000（前期首取得）　残存価額 ゼロ　耐用年数 4年　償却率 0.500　減価償却方法 定率法

(5) 仮受金の期末残高¥18,000は、前期に完成した工事の未収代金回収分であることが判明した。

(6) 売上債権の期末残高に対して1.2％の貸倒引当金を計上する（差額補充法）。

(7) 完成工事高に対して0.2％の完成工事補償引当金を計上する（差額補充法）。

(8) 退職給付引当金の当期繰入額は本社事務員について¥2,800、現場作業員について¥8,700である。

(9) 上記の各調整を行った後の未成工事支出金の次期繰越額は¥241,060である。

(10) 当期の法人税、住民税及び事業税として税引前当期純利益の30％を計上する。

解答＆解説

精　算　表

(単位：円)

勘定科目	残高試算表 借方	残高試算表 貸方	整理記入 借方	整理記入 貸方	損益計算書 借方	損益計算書 貸方	貸借対照表 借方	貸借対照表 貸方
現金	21600		(3)① 1200				22800	
当座預金	123000		(1)② 13500	(1)③ 1200			135300	
受取手形	43000						43000	
完成工事未収入金	425000			(5) 18000			407000	
貸倒引当金		4500		(6) 900				5400
未成工事支出金	266400		(2) 800 (7) 760 (8) 8700	(4)① 2000 (9) 33600			241060	
材料貯蔵品	2600			(2) 800			1800	
仮払金	32900			(3)① 5000 (10) 27900				
機械装置	123000						123000	
機械装置減価償却累計額		65000	(4)① 2000					63000
備品	60000						60000	
備品減価償却累計額		30000		(4)② 15000				45000
支払手形		65000						65000
工事未払金		115000						115000
借入金		120000						120000
未払金		61000		(1)② 13500				74500
未成工事受入金		71000						71000
仮受金		18000	(5) 18000					
完成工事補償引当金		14500		(7) 760				15260
退職給付引当金		134000		(8) 11500				145500
資本金		100000						100000
繰越利益剰余金		74200						74200
完成工事高		7630000				7630000		
完成工事原価	6694000		(9) 33600		6727600			
販売費及び一般管理費	694000				694000			
受取利息配当金		7800				7800		
支払利息	24500		(1)③ 1200		25700			
	8510000	8510000						
旅費交通費			(3)① 3800		3800			
減価償却費			(4)② 15000		15000			
貸倒引当金繰入額			(6) 900		900			
退職給付引当金繰入額			(8) 2800		2800			
未払法人税等				(10) 22500				22500
法人税、住民税及び事業税			(10) 50400		50400			
			152660	152660	7520200	7637800	1033960	916360
当期(純利益)					117600			117600
					7637800	7637800	1033960	1033960

決算整理仕訳

(1) ① 当社の決算整理仕訳は不要

② (借) 当座預金 13,500 (貸) 未払金 13,500

③ (借) 支払利息 1,200 (貸) 当座預金 1,200

(2) (借) 未成工事支出金 800 (貸) 材料貯蔵品 800

(3) ① (借) 旅費交通費 3,800 (貸) 仮払金 5,000

現金 1,200

② 法人税等の中間納付額については，(10)で処理する。

(4) ① (借) 機械装置減価償却累計額 2,000 (貸) 未成工事支出金 2,000

※実際発生額28,000－予定計上額2,500×12月＝－2,000（配賦超過）

② (借) 減価償却費 15,000 (貸) 備品減価償却累計額 15,000

※(60,000－30,000)×0.500＝15,000

(5) (借) 仮受金 18,000 (貸) 完成工事未収入金 18,000

(6) (借) 貸倒引当金繰入額 900 (貸) 貸倒引当金 900

※(43,000＋425,000－18,000)×1.2％－4,500＝900

(7) (借) 未成工事支出金 760 (貸) 完成工事補償引当金 760

※7,630,000×0.2％－14,500＝760

(8) (借) 退職給付引当金繰入額 2,800 (貸) 退職給付引当金 11,500

未成工事支出金 8,700

(9) (借) 完成工事原価 33,600 (貸) 未成工事支出金 33,600

※266,400（決算整理前残高）＋800(2)－2,000(4)①＋760(7)＋8,700(8)－X（完成工事原価勘定への振替額）＝241,060（次期繰越額）

X＝33,600

⑽	（借）法人税，住民税及び事業税	50,400	（貸）仮払金	27,900
			未払法人税等	22,500

※収益合計：完成工事高（7,630,000）＋受取利息配当金（7,800）＝7,637,800

費用合計：完成工事原価（6,694,000＋33,600）＋販売費及び一般管理費（694,000）
＋支払利息（24,500＋1,200）＋旅費交通費（3,800）
＋減価償却費（15,000）＋貸倒引当金繰入額（900）
＋退職給付引当金繰入額（2,800）＝7,469,800

税引前当期純利益：7,637,800－7,469,800＝168,000

法人税等：168,000×30％＝50,400

第30回

問題

〔第１問〕 次の各取引について仕訳を示しなさい。使用する勘定科目は下記の<勘定科目群>から選び、その記号（A～X）と勘定科目を書くこと。なお、解答は次に掲げた（例）に対する解答例にならって記入しなさい。 （20点）

（例） 現金¥100,000を当座預金に預け入れた。

⑴ １株当たりの払込金額¥3,600で新株を2,000株発行することとし、払込期日までに全額が取扱銀行に払い込まれた。

⑵ 決算に当たり、期末における消費税の仮払分の残高は¥158,000であり、仮受分の残高は¥140,000であった。

⑶ 建設用機械（取得価額¥600,000、前期末減価償却累計額¥480,000）を当期首に売却した。売却価額¥150,000は現金で受け取った。なお、減価償却費の記帳は直接記入法を採用している。

⑷ 前期に着工したＳ工事については、前期より工事進行基準を適用している。Ｓ工事の工期は４年、請負金額¥45,000,000、総工事原価見積額¥37,500,000、前期の工事原価発生額¥7,500,000、当期の工事原価発生額¥11,250,000であった。なお、当期において得意先との交渉により、請負金額を¥5,000,000増額することができた。当期の完成工事高に関する仕訳を示しなさい。

⑸ Ａ工務店から融資の申込を受け、小切手¥1,000,000を振り出した。借用証書の代りに同工務店振出しの約束手形を受け取った。

<勘定科目群>

A	現金	B	当座預金	C	別段預金	D	受取手形
E	完成工事未収入金	F	機械装置	G	仮払消費税	H	未収消費税
J	手形貸付金	K	支払手形	L	減価償却累計額	M	仮受消費税
N	未払消費税	Q	借入金	R	資本金	S	利益準備金
T	新株式申込証拠金	U	完成工事高	W	固定資産売却益	X	固定資産売却損

解答&解説

仕訳　記号（A～X）も必ず記入のこと

No.	借方			貸方		
	記号	勘定科目	金額	記号	勘定科目	金額
(例)	B	当座預金	100000	A	現金	100000
(1)	C	別段預金	7200000	T	新株式申込証拠金	7200000
(2)	M	仮受消費税	140000	G	仮払消費税	158000
	H	未収消費税	18000			
(3)	A	現金	150000	F	機械装置	120000
				W	固定資産売却益	30000
(4)	E	完成工事未収入金	16000000	U	完成工事高	16000000
(5)	J	手形貸付金	1000000	B	当座預金	1000000

(1)　会社設立や有償増資において新株を発行する場合には，払込期日を設けて指定口座に申込証拠金を受け入れることが多い。この受入口座は不正防止の目的から，登記が完了するまでは出金ができない措置が図られ，会計上は「別段預金」勘定で処理される。貸方は「新株式申込証拠金」勘定で処理され，登記後に「資本金」勘定または「株式払込剰余金」勘定に振り替えられる。

(2) 仮受消費税と仮払消費税を比較し，仮受消費税が多ければこれと仮払消費税との差額が納付すべき消費税額（未払消費税）となり，仮払消費税が多ければこれと仮受消費税との差額が還付される消費税額（未収消費税）となる。

(3) 機械装置の期首の帳簿価額は¥120,000（=600,000−480,000）である。この金額と売却価額¥150,000との差額¥30,000が売却益となる。なお，本問では直接記入法が採用されているので，「減価償却累計額」勘定は用いない。取得原価から減価償却累計額を控除した帳簿価額が，「機械装置」勘定の残高となっている。

(4) 前期に計上された完成工事高は，次のとおりである。

$$45,000,000 \times \frac{7,500,000}{37,500,000} = 9,000,000$$

当期の完成工事高は，次のとおり計算される。

$$(45,000,000 + 5,000,000) \times \frac{7,500,000 + 11,250,000}{37,500,000} - 9,000,000 = 16,000,000$$

(5) 資金の貸借に当たって借用証書を作成せずに，借入人が約束手形を振り出して貸出人に交付することがある。この場合の約束手形は「受取手形」や「支払手形」勘定を使用せずに，振出人（借入人）は「手形借入金」勘定，受取人（貸出人）は「手形貸付金」勘定で処理する。

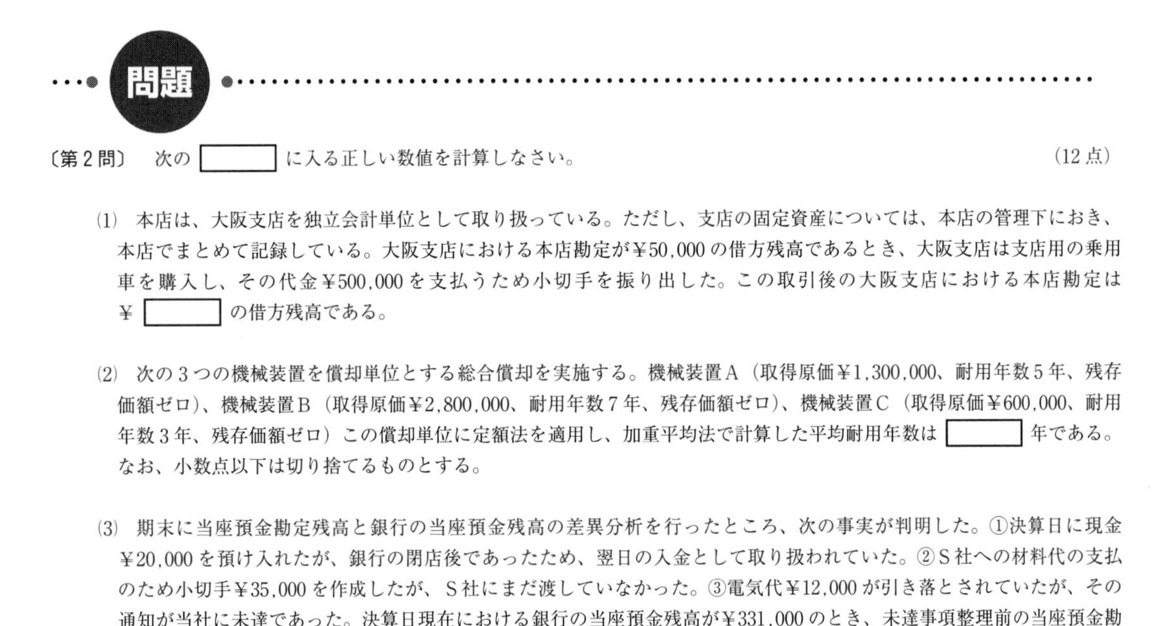

問題

〔第2問〕 次の［　　］に入る正しい数値を計算しなさい。（12点）

(1) 本店は、大阪支店を独立会計単位として取り扱っている。ただし、支店の固定資産については、本店の管理下におき、本店でまとめて記録している。大阪支店における本店勘定が¥50,000の借方残高であるとき、大阪支店は支店用の乗用車を購入し、その代金¥500,000を支払うため小切手を振り出した。この取引後の大阪支店における本店勘定は¥［　　］の借方残高である。

(2) 次の3つの機械装置を償却単位とする総合償却を実施する。機械装置A（取得原価¥1,300,000、耐用年数5年、残存価額ゼロ）、機械装置B（取得原価¥2,800,000、耐用年数7年、残存価額ゼロ）、機械装置C（取得原価¥600,000、耐用年数3年、残存価額ゼロ）この償却単位に定額法を適用し、加重平均法で計算した平均耐用年数は［　　］年である。なお、小数点以下は切り捨てるものとする。

(3) 期末に当座預金勘定残高と銀行の当座預金残高の差異分析を行ったところ、次の事実が判明した。①決算日に現金¥20,000を預け入れたが、銀行の閉店後であったため、翌日の入金として取り扱われていた。②S社への材料代の支払のため小切手¥35,000を作成したが、S社にまだ渡していなかった。③電気代¥12,000が引き落とされていたが、その通知が当社に未達であった。決算日現在における銀行の当座預金残高が¥331,000のとき、未達事項整理前の当座預金勘定の残高は¥［　　］である。

(4) 材料元帳の期末残高は数量が1,200 kg、単価は1 kg当たり¥320であった。実地棚卸の結果、棚卸減耗48 kgが判明した。この材料の期末における取引価格が1 kg当たり¥280である場合、材料評価損は¥［　　］である。

解答&解説

(1) ¥ 550000　　(2) 5 年

(3) ¥ 328000　　(4) ¥ 46080

(1) 本支店会計

車両の購入に関する仕訳は，次のとおりである。

本店	（借方）車両	500,000	（貸方）大阪支店	500,000
大阪支店	（借方）本店	500,000	（貸方）当座預金	500,000

上記取引後の大阪支店における本店勘定は，次のとおりとなる。

本店

取引前残高	50,000	
	500,000	

(2) 総合償却法

通常の減価償却は資産ごとに行われる（個別償却法）。これに対し，複数の資産をグループとし，そのグループを単位として減価償却を行う方法が，総合償却法である。総合償却法では，グループにおける耐用年数（平均耐用年数）を決定する必要があり，これには単純平均法または加重平均法が用いられる。

加重平均法における平均耐用年数：$\dfrac{\text{グループ内の各資産の減価償却総額の合計額}}{\text{グループ内の各資産の個別償却法による減価償却費の合計額}}$

	減価償却総額	耐用年数	個別償却法による減価償却費
A	1,300,000	5年	260,000
B	2,800,000	7年	400,000
C	600,000	3年	200,000
計	4,700,000		860,000

$\dfrac{4,700,000}{860,000} = 5$

なお，本問では指示があるが，端数については常に切り捨てる。

⑶　銀行勘定調整表

企業の帳簿上の「当座預金」勘定の残高と銀行の実際の残高は，一致しない場合が多い。その原因は，小切手を受け取った相手先が銀行に取立依頼をしていないこと（未取付小切手），小切手を作成して仕訳を完了したものの，その小切手を未だ相手先に引き渡していないこと（未渡小切手），自動振込・自動引落しされた金額を帳簿記入していないことなどが考えられる。この場合には，銀行勘定調整表を作成し，あるべき残高を確認しておくことが必要である。

銀行勘定調整表

	帳簿残高		銀行残高
	x		331,000
①　時間外の預入れ			20,000
②　未渡小切手	35,000		
③　自動引き落とし	−12,000		
修正後の残高	351,000	← 一致する →	351,000

x ＝328,000

⑷　材料の評価替え

材料の帳簿棚卸高と実地棚卸高に差異がある場合には，その差異を材料棚卸減耗損として処理しなければならない。

48kg×￥320＝￥15,360

また，期末に材料の原価と時価とを比較し，時価が下落している場合には，時価で評価することが一般的である。この時価の下落による損失が，材料評価損である。

(1,200－48)kg×(￥320－￥280)＝￥46,080

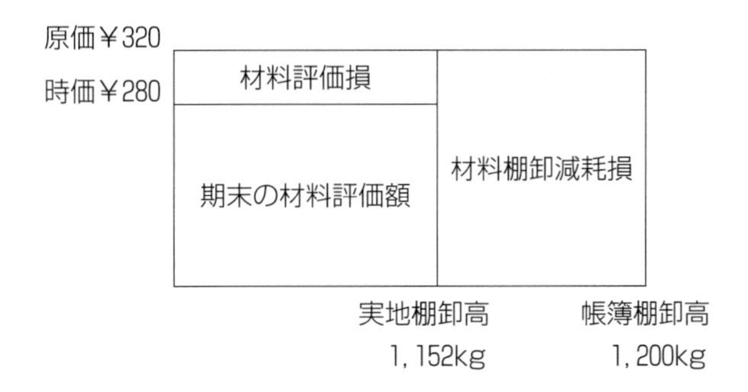

問題

〔第3問〕　次の＜資料＞に基づき、解答用紙に示す各勘定口座に適切な勘定科目あるいは金額を記入し、「完成工事原価報告書」を作成しなさい。なお、記入すべき勘定科目については、下記の＜勘定科目群＞から選び、その記号（A～H）で解答しなさい。　(14点)

＜資料＞

1．工事原価期首残高

材料費	¥13,000	労務費	¥34,000
外注費	¥76,000	経費	¥11,000（うち、人件費は¥1,000）

2．工事原価次期繰越額

材料費	¥ 31,000	労務費	¥53,000
外注費	¥181,000	経費	¥45,000（うち、人件費は¥5,000）

3．経費のうち人件費は¥100,000である。

＜勘定科目群＞

A	完成工事高	B	完成工事未収入金	C	支払利息	D	未成工事支出金
E	完成工事原価	F	損益	G	販売費及び一般管理費	H	未成工事受入金

解答&解説

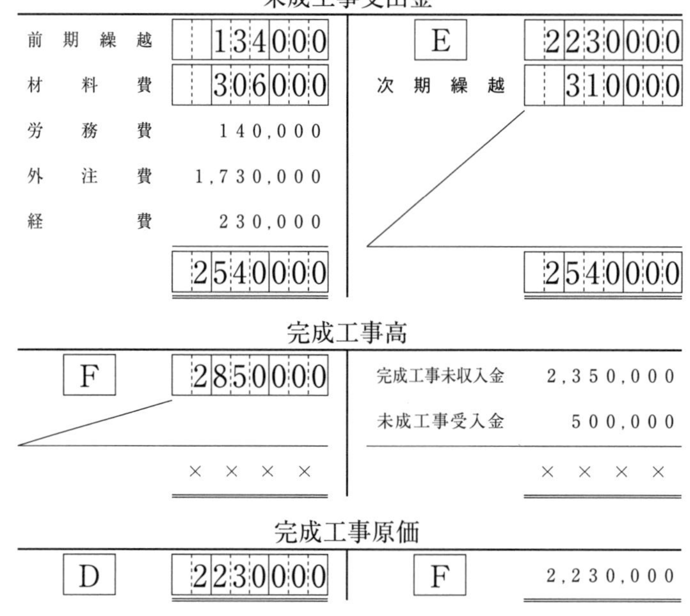
未成工事支出金

前期繰越	134000	E	2230000
材料費	306000	次期繰越	310000
労務費	140,000		
外注費	1,730,000		
経費	230,000		
	2540000		2540000

完成工事高

F	2850000	完成工事未収入金	2,350,000
		未成工事受入金	500,000
	××××		××××

完成工事原価

D	2230000	F	2,230,000

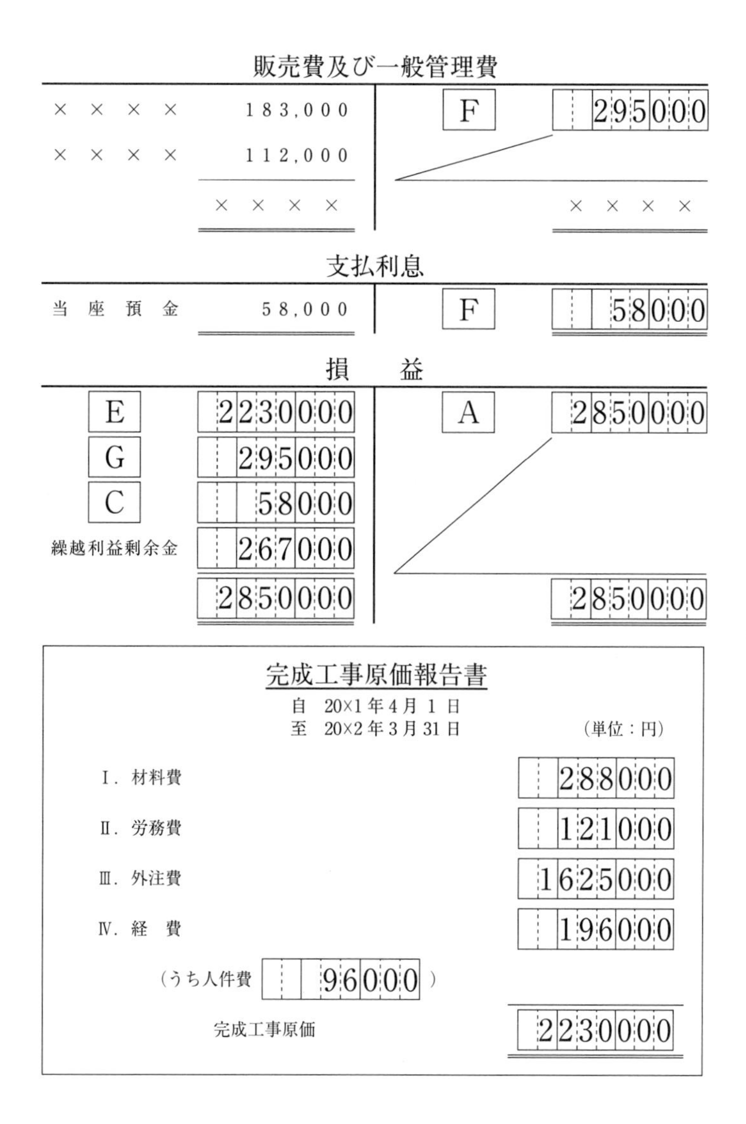

販売費及び一般管理費

××××	183,000	F	295,000
××××	112,000		
	××××		××××

支払利息

当座預金	58,000	F	58,000

損　益

E	2,230,000	A	2,850,000
G	295,000		
C	58,000		
繰越利益剰余金	267,000		
	2,850,000		2,850,000

完成工事原価報告書

自　20×1年4月1日
至　20×2年3月31日
（単位：円）

Ⅰ．材料費		288,000
Ⅱ．労務費		121,000
Ⅲ．外注費		1,625,000
Ⅳ．経　費		196,000
（うち人件費	96,000 ）	
完成工事原価		2,230,000

・「未成工事支出金」勘定

前期繰越　¥134,000（＝¥13,000＋¥34,000＋¥76,000＋¥11,000：資料1より）

次期繰越　¥310,000（＝¥31,000＋¥53,000＋¥181,000＋¥45,000：資料2より）

「未成工事支出金」勘定には発生した工事原価（材料費，労務費，外注費，経費）が集計され，このうち完成した工事に関する原価が「完成工事原価」勘定に振り替えられる。「完成工事原価」勘定が¥2,230,000で締め切られているため，貸方の上段の勘定科目は“E”，金額は¥2,230,000となる（「完成工事原価」勘定の借方は“D”と¥2,230,000）。

借方・貸方の金額より，材料費から振り替えられた金額¥306,000が判明する。

・収益・費用の各勘定

収益・費用の各勘定の残高については，「損益」勘定に振り替えたうえで帳簿を締め切る。

「損益」勘定の残高については，「繰越利益剰余金」勘定に振り替えたうえで帳簿を締め切る。

・完成工事原価の内訳

材料費：￥13,000＋￥306,000－￥31,000＝￥288,000

労務費：￥34,000＋￥140,000－￥53,000＝￥121,000

外注費：￥76,000＋￥1,730,000－￥181,000＝￥1,625,000

経　費：￥11,000＋￥230,000－￥45,000＝￥196,000

うち人件費：￥1,000＋￥100,000－￥5,000＝￥96,000

〔第４問〕　以下の問に解答しなさい。　（24点）

問１　次に示すような営業費は、下記の<営業費の種類>のいずれに属するものか、記号（A～C）で解答しなさい。

1．物流費
2．広告宣伝費
3．経理部における事務用品費
4．市場調査費

<営業費の種類>
A　注文獲得費　　B　注文履行費　　C　全般管理費

問２　次の<資料>に基づき、解答用紙の部門費振替表を完成しなさい。なお、配賦方法については、直接配賦法によること。

<資料>

1．補助部門費の配賦基準と配賦データ

補助部門	配賦基準	甲工事部	乙工事部	丙工事部
機械部門	馬力数×時間	20 × 30 時間	15 × 20 時間	30 × 10 時間
車両部門	運搬量	?	?	?
仮設部門	セット×日数	3 × 5 日	?	2 × 5 日

2．各補助部門の原価発生額は次のとおりである。

（単位：円）

機械部門	車両部門	仮設部門
1,440,000	?	960,000

解答&解説

問1　記号（A～C）

1	2	3	4
B	A	C	A

問2

部門費振替表

（単位：円）

摘　要	工事部			補助部門		
	甲工事部	乙工事部	丙工事部	機械部門	車両部門	仮設部門
部門費合計	7,350,000	3,750,000	2,380,000	1440000	549000	960000
機械部門費	720000	360000	360000			
車両部門費	231,000	186,000	132,000			
仮設部門費	240000	560,000	160000			
補助部門費配賦額合計	1191000	1106000	652000			
工事原価	8541000	4856000	3032000			

問1

「注文獲得費」とは，顧客に購買心を喚起し，売上注文を獲得するための営業費をいい，たとえば市場調査費，広告宣伝費，販売促進費などが考えられる。

「注文履行費」とは，顧客からの売上注文を履行するための営業費をいい，たとえば物流費，集金費，アフターサービス費などが考えられる。

「全般管理費」とは，企業全体の活動の維持・管理に関連して生ずるコストで，総務部，経理部，社長室などの機能に関係している。

問2

機械部門費の配賦

甲工事部門：$1,440,000 \times \dfrac{20 \times 30}{20 \times 30 + 15 \times 20 + 30 \times 10} = ¥720,000$

乙工事部門：$1,440,000 \times \dfrac{15 \times 20}{20 \times 30 + 15 \times 20 + 30 \times 10} = ¥360,000$

丙工事部門：$1,440,000 \times \frac{30 \times 10}{20 \times 30 + 15 \times 20 + 30 \times 10} = ¥360,000$

仮設部門費の配賦

総額¥960,000のうち乙工事部門に¥560,000が配賦されているため，¥400,000（=960,000－560,000）を甲工事部門と丙工事部門に配賦すればよい。

甲工事部門：$400,000 \times \frac{3 \times 5}{3 \times 5 + 2 \times 5} = ¥240,000$

丙工事部門：$400,000 \times \frac{2 \times 5}{3 \times 5 + 2 \times 5} = ¥160,000$

問題

〔第５問〕　次の<決算整理事項等>に基づき、解答用紙の精算表を完成しなさい。なお、工事原価は未成工事支出金を経由して処理する方法によっている。会計期間は１年である。また、決算整理の過程で新たに生じる勘定科目で、精算表上に指定されている科目はそこに記入すること。（30点）

<決算整理事項等>

⑴　期末における現金の帳簿残高は¥12,500であるが、実際の手元有高は¥9,500であった。調査の結果、不足額のうち¥2,500は郵便切手の購入代金の記帳漏れであった。それ以外の原因は不明である。

⑵　仮設材料費の把握についてはすくい出し方式を採用しているが、現場から撤去されて倉庫に戻された評価額¥1,200の仮設材料について未処理であった。

⑶　仮払金の期末残高は、以下の内容であることが判明した。
①　¥1,800は借入金利息の３か月分であり、うち１か月は前払いである。
②　¥26,600は法人税等の中間納付額である。

⑷　減価償却については、以下のとおりである。なお、当期中に固定資産の増減取引は発生していない。
①　機械装置（工事現場用）　実際発生額　¥62,000
なお、月次原価計算において、月額¥5,000を未成工事支出金に予定計上している。当期の予定計上額と実際発生額との差額は当期の工事原価（未成工事支出金）に加減する。
②　備品（本社用）　以下の事項により減価償却費を計上する。
取得原価¥48,000　残存価額　ゼロ　耐用年数　３年　減価償却方法　定額法

⑸　仮受金の期末残高は、以下の内容であることが判明した。
①　当期中に完成した工事の未収代金の回収分¥10,000
②　当期末に施工中の工事代金¥8,000
③　現場で発生したスクラップの売却代金¥5,000

⑹　売上債権の期末残高に対して1.2％の貸倒引当金を計上する（差額補充法）。

⑺　完成工事高に対して0.2％の完成工事補償引当金を計上する（差額補充法）。

⑻　退職給付引当金の当期繰入額は本社事務員については¥3,600、現場作業員については¥9,400である。

⑼　上記の各調整を行った後の未成工事支出金の次期繰越額は¥137,900である。

⑽　当期の法人税、住民税及び事業税として税引前当期純利益の30％を計上する。

解答&解説

〔第5問〕

精　算　表

（単位：円）

勘定科目	残高試算表 借方	残高試算表 貸方	整理記入 借方	整理記入 貸方	損益計算書 借方	損益計算書 貸方	貸借対照表 借方	貸借対照表 貸方
現金	12500			(1) 3000			9500	
当座預金	203000						203000	
受取手形	47000						47000	
完成工事未収入金	693000			(5)① 10000			683000	
貸倒引当金		7500		(6) 1260				8760
未成工事支出金	157100		(4)① 2000 (7) 600 (8) 9400	(2) 1200 (5)③ 5000 (9) 25000			137900	
材料貯蔵品	5700		(2) 1200				6900	
仮払金	28400			(3)① 1800 (10) 26600				
機械装置	150000						150000	
機械装置減価償却累計額		65000		(4)① 2000				67000
備品	48000						48000	
備品減価償却累計額		16000		(4)② 16000				32000
支払手形		83000						83000
工事未払金		115000						115000
借入金		150000						150000
未払金		61000						61000
未成工事受入金		141000		(5)② 8000				149000
仮受金		23000	(5)① 10000 (5)② 8000 (5)③ 5000					
完成工事補償引当金		10500		(7) 600				11100
退職給付引当金		187000		(8) 13000				200000
資本金		100000						100000
繰越利益剰余金		215040						215040
完成工事高		5550000				5550000		
完成工事原価	4484500		(9) 25000		4509500			
販売費及び一般管理費	875000				875000			
受取利息配当金		5560				5560		
支払利息	25400		(3)① 1200		26600			
	6729600	6729600						
通信費			(1) 2500		2500			
雑損失			(1) 500		500			
前払費用			(3)① 600				600	
備品減価償却費			(4)② 16000		16000			
貸倒引当金繰入額			(6) 1260		1260			
退職給付引当金繰入額			(8) 3600		3600			
未払法人税等				(10) 9580				9580
法人税、住民税及び事業税			(10) 36180		36180			
			123040	123040	5471140	5555560	1285900	1201480
当期（純利益）					84420			84420
					5555560	5555560	1285900	1285900

決算整理仕訳

(1)	(借) 通信費	2,500	(貸) 現金	3,000
	雑損失	500		
(2)	(借) 材料貯蔵品	1,200	(貸) 未成工事支出金	1,200
(3)①	(借) 支払利息	1,200	(貸) 仮払金	1,800
	前払費用	600		

※ $\frac{1,800}{3} \times 1 = 600$

② 法人税等の中間納付額については，⑽で処理する。

(4)①	(借) 未成工事支出金	2,000	(貸) 機械装置減価償却累計額	2,000

※ 実際発生額62,000－予定計上額5,000×12月＝2,000（配賦不足）

②	(借) 備品減価償却費	16,000	(貸) 備品減価償却累計額	16,000

※ $\frac{48,000 - 0}{3} = 16,000$

(5)①	(借) 仮受金	10,000	(貸) 完成工事未収入金	10,000
②	(借) 仮受金	8,000	(貸) 未成工事受入金	8,000
③	(借) 仮受金	5,000	(貸) 未成工事支出金	5,000

※ スクラップの売却代金は，「雑収入」などの収益で処理することも考えられる。

本問では，該当する勘定科目がないため，未成工事支出金（材料費）の減額として処理する。

(6)	(借) 貸倒引当金繰入額	1,260	(貸) 貸倒引当金	1,260

※ (47,000＋693,000－10,000)×1.2％－7,500＝1,260

(7)	(借) 未成工事支出金	600	(貸) 完成工事補償引当金	600

※ 5,550,000×0.2％－10,500＝600

⑻	（借）退職給付引当金繰入額	3, 600	（貸）退職給付引当金	13, 000
	未成工事支出金	9, 400		

⑼	（借）完成工事原価	25, 000	（貸）未成工事支出金	25, 000

※　157, 100（決算整理前残高）－1, 200⑵＋2, 000⑷①－5, 000⑸③＋600⑺＋9, 400⑻－X（完成工事原価勘定への振替額）＝137, 900（次期繰越額）

X＝25, 000

⑽	（借）法人税，住民税及び事業税	36, 180	（貸）仮払金	26, 600
			未払法人税等	9, 580

※　収益合計：完成工事高（5, 550, 000）＋受取利息配当金（5, 560）＝5, 555, 560

費用合計：完成工事原価（4, 484, 500＋25, 000）＋販売費及び一般管理費（875, 000）＋支払利息（25, 400＋1, 200）＋通信費（2, 500）＋雑損失（500）＋備品減価償却費（16, 000）＋貸倒引当金繰入額（1, 260）＋退職給付引当金繰入額（3, 600）＝5, 434, 960

税引前当期純利益：5, 555, 560－5, 434, 960＝120, 600

法人税等＝120, 600×30％＝36, 180

解答用紙

○コピーしてご使用ください（本試験の用紙サイズは「Ｂ４」となります）。
○解答用紙は、一般財団法人建設業振興基金のホームページからもダウンロードできます。

解答用紙

〔第１問〕

仕訳　記号（A～X）も必ず記入のこと

No.	借方			貸方		
	記号	勘定科目	金額	記号	勘定科目	金額
(例)	B	当座預金	100000	A	現金	100000
(1)						
(2)						
(3)						
(4)						
(5)						

〔第２問〕

(1) ¥　　　　　　(2) ¥

(3) ¥　　　　　　(4) ¥

〔第３問〕

未成工事支出金

前期繰越			
材料費		次期繰越	
労務費			
外注費			
経費			

完成工事原価

完成工事高

	17,500,000	完成工事未収入金	15,500,000
	17,500,000		17,500,000

販売費及び一般管理費

××××	529,000		

支払利息

当座預金	21,000		

損　益

繰越利益剰余金			

完成工事原価報告書

自　20×1年4月1日
至　20×2年3月31日　　(単位：円)

Ⅰ．材料費	
Ⅱ．労務費	
Ⅲ．外注費	
Ⅳ．経　費	
(うち人件費　　)	
完成工事原価	

〔第4問〕

問1　　記号（AまたはB）

1	2	3	4	5

問2

部門費振替表

（単位：円）

摘　要	工事現場			補助部門		
	A工事	B工事	C工事	仮設部門	車両部門	機械部門
部門費合計	8,530,000	4,290,000	2,640,000			
仮設部門費	336,000	924,000	420,000			
車両部門費		600,000				
機械部門費			240,000			
補助部門費配賦額合計						
工事原価						

〔第5問〕

精　算　表

(単位：円)

勘定科目	残高試算表		整理記入		損益計算書		貸借対照表	
	借方	貸方	借方	貸方	借方	貸方	借方	貸方
現金	17500							
当座預金	283000							
受取手形	54000							
完成工事未収入金	497500							
貸倒引当金		6800						
未成工事支出金	212000							
材料貯蔵品	2800							
仮払金	28000							
機械装置	500000							
機械装置減価償却累計額		122000						
備品	45000							
備品減価償却累計額		15000						
建設仮勘定	36000							
支払手形		72200						
工事未払金		122500						
借入金		318000						
未払金		129000						
未成工事受入金		65000						
仮受金		25000						
完成工事補償引当金		33800						
退職給付引当金		182600						
資本金		100000						
繰越利益剰余金		156090						
完成工事高		1520000						
完成工事原価	1342900							
販売費及び一般管理費	144900							
受取利息配当金		25410						
支払利息	19600							
	1657340	1657340						
通信費								
雑損失								
備品減価償却費								
建物								
建物減価償却費								
建物減価償却累計額								
貸倒引当金戻入								
退職給付引当金繰入額								
未払法人税等								
法人税、住民税及び事業税								
当期(　　　　)								

第33回 解答用紙

〔第１問〕

仕訳　記号（A～X）も必ず記入のこと

No.	借方			貸方		
	記号	勘定科目	金額	記号	勘定科目	金額
（例）	B	当座預金	100000	A	現金	100000
(1)						
(2)						
(3)						
(4)						
(5)						

〔第２問〕

(1) ￥

(2) ￥ 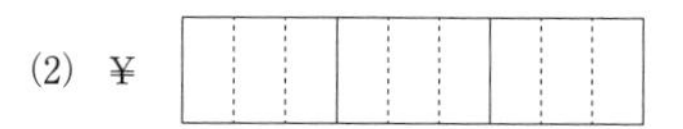

(3) 年

(4) ￥

〔第3問〕

部門費振替表

(単位：円)

摘　要	合　計	施工部門			補助部門		
		工事第1部	工事第2部	工事第3部	(　　)部門	(　　)部門	(　　)部門
部門費合計							
(　　　)部門							――
(　　　)部門							――
(　　　)部門						――	――
合　計					――	――	――
(配賦金額)	――				――	――	――

〔第4問〕

問1　記号（A～C）

1	2	3	4	5

問2

工事別原価計算表

(単位：円)

摘　要	No.501	No.502	No.601	No.602	計
月初未成工事原価			――	――	
当月発生工事原価					
材　料　費					
労　務　費					
外　注　費					
直　接　経　費					
工　事　間　接　費					
当月完成工事原価		――		――	
月末未成工事原価	――		――		

工事間接費配賦差異月末残高　　　　円　　記号（AまたはB）

〔第5問〕

精　算　表

(単位：円)

勘定科目	残高試算表		整理記入		損益計算書		貸借対照表	
	借　方	貸　方	借　方	貸　方	借　方	貸　方	借　方	貸　方
現　　　金	19800							
当座預金	214500							
受取手形	112000							
完成工事未収入金	565000							
貸倒引当金		7800						
有価証券	171000							
未成工事支出金	213500							
材料貯蔵品	2800							
仮　払　金	28000							
機械装置	300000							
機械装置減価償却累計額		162000						
備　　　品	90000							
備品減価償却累計額		30000						
支払手形		43200						
工事未払金		102500						
借　入　金		238000						
未　払　金		124000						
未成工事受入金		89000						
仮　受　金		28000						
完成工事補償引当金		24100						
退職給付引当金		113900						
資　本　金		100000						
繰越利益剰余金		185560						
完成工事高		12300000						
完成工事原価	10670800							
販売費及び一般管理費	1167000							
受取利息配当金		23400						
支払利息	17060							
	13571460	13571460						
事務用消耗品費								
旅費交通費								
雑　損　失								
備品減価償却費								
有価証券評価損								
貸倒引当金繰入額								
退職給付引当金繰入額								
未払法人税等								
法人税、住民税及び事業税								
当　期(　　　　　)								

第32回 解答用紙

〔第１問〕

仕訳　記号（A～X）も必ず記入のこと

No.	借方 記号	借方 勘定科目	借方 金額	貸方 記号	貸方 勘定科目	貸方 金額
(例)	B	当座預金	100000	A	現金	100000
(1)						
(2)						
(3)						
(4)						
(5)						

〔第２問〕

(1) ¥ 　　　　(2) ¥

(3) ¥ 　　　　(4) ¥

〔第3問〕

問1　¥ [ ]

問2　¥ [ ]

問3　¥ [ ]　　記号（AまたはB）[ ]

〔第4問〕

問1

記号（A～G）

1	2	3	4

問2

完成工事原価報告書

自　20×2年9月1日
至　20×2年9月30日

（単位：円）

Ⅰ. 材料費	
Ⅱ. 労務費	
Ⅲ. 外注費	
Ⅳ. 経　費	
完成工事原価	

工事間接費配賦差異月末残高　[ ]　円　　記号（AまたはB）[ ]

〔第5問〕

精　算　表

(単位：円)

勘定科目	残高試算表		整理記入		損益計算書		貸借対照表	
	借方	貸方	借方	貸方	借方	貸方	借方	貸方
現金	23500							
当座預金	152900							
受取手形	255000							
完成工事未収入金	457000							
貸倒引当金		8000						
未成工事支出金	151900							
材料貯蔵品	3300							
仮払金	32600							
機械装置	250000							
機械装置減価償却累計額		150000						
備品	60000							
備品減価償却累計額		20000						
建設仮勘定	48000							
支払手形		32500						
工事未払金		95000						
借入金		196000						
未払金		48100						
未成工事受入金		233000						
仮受金		12000						
完成工事補償引当金		19000						
退職給付引当金		187000						
資本金		100000						
繰越利益剰余金		117320						
完成工事高		9583000						
完成工事原価	7566000							
販売費及び一般管理費	1782000							
受取利息配当金		17280						
支払利息	36000							
	10818200	10818200						
雑損失								
前払費用								
備品減価償却費								
建物								
建物減価償却費								
建物減価償却累計額								
貸倒引当金繰入額								
賞与引当金繰入額								
賞与引当金								
退職給付引当金繰入額								
未払法人税等								
法人税、住民税及び事業税								
当期(　　　　)								

解答用紙

〔第１問〕

仕訳　記号（A～X）も必ず記入のこと

No.	借方			貸方		
	記号	勘定科目	金額	記号	勘定科目	金額
(例)	B	当座預金	100000	A	現金	100000
(1)						
(2)						
(3)						
(4)						
(5)						

〔第２問〕

(1) ¥　　　　(2) ¥

(3) ¥　　　　(4) ¥

〔第3問〕

(1) 先入先出法を用いた場合の材料費　¥

(2) 移動平均法を用いた場合の材料費　¥

(3) 総平均法を用いた場合の材料費　¥

〔第4問〕

問1　記号（A～H）

ア	イ	ウ	エ

問2

工事別原価計算表

(単位：円)

摘　要	No.301	No.302	No.401	No.402	計
月初未成工事原価			――	――	
当月発生工事原価					
材　料　費					
労　務　費					
外　注　費					
直 接 経 費					
工 事 間 接 費					
当月完成工事原価	――			――	
月末未成工事原価		――	――		

工事間接費配賦差異月末残高　¥　　　記号（AまたはB）

〔第5問〕

精　算　表

(単位：円)

勘定科目	残高試算表		整理記入		損益計算書		貸借対照表	
	借方	貸方	借方	貸方	借方	貸方	借方	貸方
現金	21600							
当座預金	123000							
受取手形	43000							
完成工事未収入金	425000							
貸倒引当金		4500						
未成工事支出金	266400							
材料貯蔵品	2600							
仮払金	32900							
機械装置	123000							
機械装置減価償却累計額		65000						
備品	60000							
備品減価償却累計額		30000						
支払手形		65000						
工事未払金		115000						
借入金		120000						
未払金		61000						
未成工事受入金		71000						
仮受金		18000						
完成工事補償引当金		14500						
退職給付引当金		134000						
資本金		100000						
繰越利益剰余金		74200						
完成工事高		7630000						
完成工事原価	6694000							
販売費及び一般管理費	694000							
受取利息配当金		7800						
支払利息	24500							
	8510000	8510000						
旅費交通費								
減価償却費								
貸倒引当金繰入額								
退職給付引当金繰入額								
未払法人税等								
法人税、住民税及び事業税								
当期(　　　　)								

第30回 解答用紙

〔第1問〕

仕訳　記号（A～X）も必ず記入のこと

No.	借方			貸方		
	記号	勘定科目	金額	記号	勘定科目	金額
(例)	B	当座預金	100000	A	現金	100000
(1)						
(2)						
(3)						
(4)						
(5)						

〔第2問〕

(1) ¥ 　　　　(2) 　年

(3) ¥ 　　　　(4) ¥

〔第３問〕

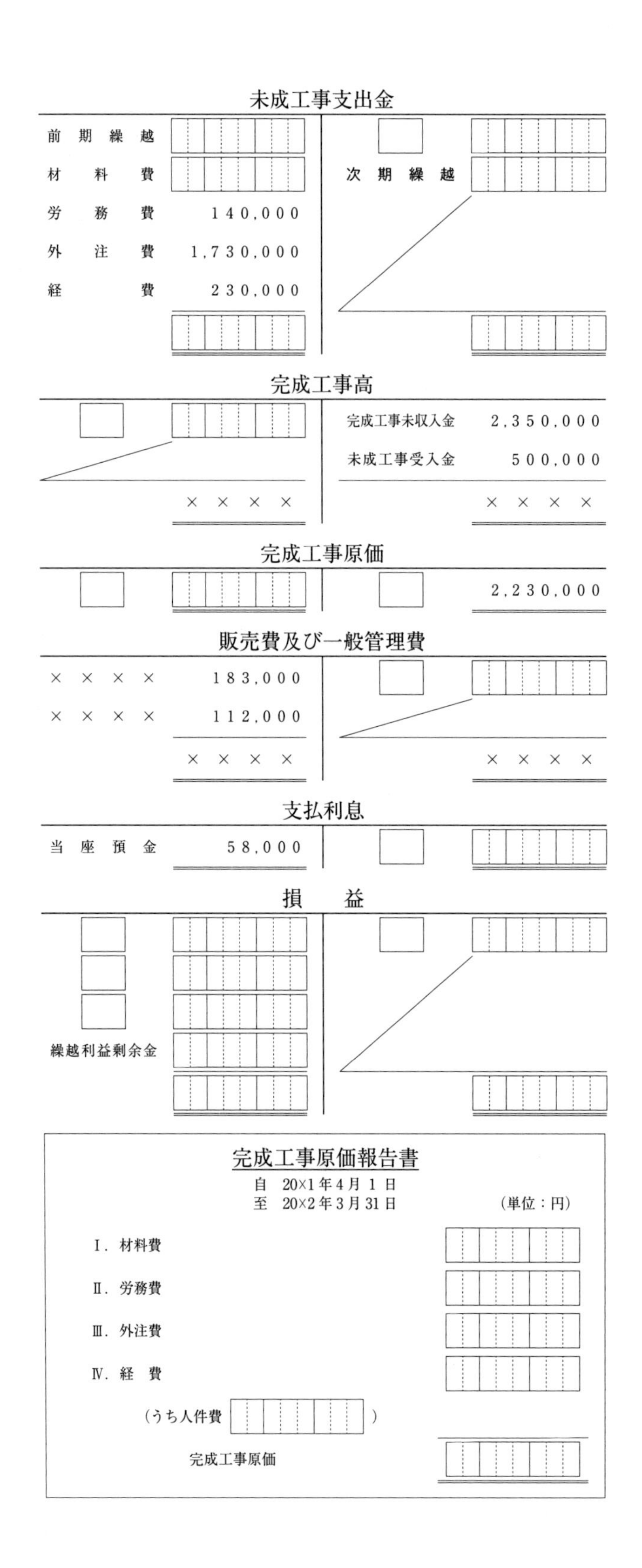
未成工事支出金
前期繰越
材料費
労務費 140,000
外注費 1,730,000
経費 230,000
次期繰越
完成工事高
完成工事未収入金 2,350,000
未成工事受入金 500,000
××××
××××
完成工事原価
2,230,000
販売費及び一般管理費
×××× 183,000
×××× 112,000
××××
××××
支払利息
当座預金 58,000
損　益
繰越利益剰余金
完成工事原価報告書
自　20×1年4月1日
至　20×2年3月31日
(単位：円)
Ⅰ．材料費
Ⅱ．労務費
Ⅲ．外注費
Ⅳ．経　費
(うち人件費　)
完成工事原価

〔第４問〕

問１　　記号（A～C）

1	2	3	4

問２

部門費振替表

（単位：円）

摘　要	工事部			補助部門		
	甲工事部	乙工事部	丙工事部	機械部門	車両部門	仮設部門
部門費合計	7,350,000	3,750,000	2,380,000			
機械部門費						
車両部門費	231,000	186,000	132,000			
仮設部門費		560,000				
補助部門費配賦額合計						
工事原価						

〔第5問〕

精　算　表

（単位：円）

勘定科目	残高試算表		整理記入		損益計算書		貸借対照表	
	借方	貸方	借方	貸方	借方	貸方	借方	貸方
現金	12500							
当座預金	203000							
受取手形	47000							
完成工事未収入金	693000							
貸倒引当金		7500						
未成工事支出金	157100							
材料貯蔵品	5700							
仮払金	28400							
機械装置	150000							
機械装置減価償却累計額		65000						
備品	48000							
備品減価償却累計額		16000						
支払手形		83000						
工事未払金		115000						
借入金		150000						
未払金		61000						
未成工事受入金		141000						
仮受金		23000						
完成工事補償引当金		10500						
退職給付引当金		187000						
資本金		100000						
繰越利益剰余金		215040						
完成工事高		5550000						
完成工事原価	4484500							
販売費及び一般管理費	875000							
受取利息配当金		5560						
支払利息	25400							
	6729600	6729600						
通信費								
雑損失								
前払費用								
備品減価償却費								
貸倒引当金繰入額								
退職給付引当金繰入額								
未払法人税等								
法人税、住民税及び事業税								
当期（　　　　）								